DER
KINDER
BROCK
HAUS

Perfekt versteckt

Tiere und ihre Tarnung

Bibliografische Information der Deutschen Nationalbibliothek
Die Deutsche Nationalbibliothek verzeichnet diese Publikation in der Deutschen Nationalbibliografie; detaillierte bibliografische Daten sind im Internet über http://dnb.ddb.de abrufbar.

Das Wort BROCKHAUS ist für den Verlag
F.A. Brockhaus/wissenmedia in der inmediaONE] GmbH
als Marke geschützt.

Redaktionelle Leitung: Katja Baier
Text und Redaktion: Katja Baier, Dr. Christine Schlitt
Bildredaktion: Svenja Meinholz
Satz, Layout und Bildbearbeitung: seitenwind – Design und Kommunikation, Regensburg
Illustrationen Kalle und Maja: Jo Pelle Küker-Bünermann, Stefanie Scharnbeck
Einbandgestaltung: glas ag, seeheim-jugenheim
Einbandabbildungen: PantherMedia – Dieter M. (2) – Stephan K. (2) – Marcus B. (2)
Herstellung: Marcel Hellmund
Druck und Bindung: Himmer AG, Augsburg

ISBN: 978-3-577-07544-2

www.kinderbrockhaus.de

DER KINDER BROCKHAUS

Perfekt versteckt

Tiere und ihre Tarnung

FAB
F. A. Brockhaus

Inhalt

Hallo, wir heißen Maja und Kalle Clever und begleiten dich durch das Buch.

Fische

Amphibien

Reptilien

Vögel

Säugetiere

Perfekt versteckt ist halb überlebt!

Warum hat der Eisbär ein weißes Fell? Warum haben Zebras Streifen? Warum sehen manche Heuschrecken aus wie Orchideenblüten, Zweige oder Blätter? Warum sind Rochen platt und Quallen durchsichtig? Und warum gleichen manche Fische Steinen? Die Antwort auf alle diese Fragen lautet: Um zu überleben! Sich tarnen, um so wenig wie möglich aufzufallen, oder dem Feind vorzugaukeln, ein ganz anderes Tier zu sein, gehört zum Alltag der meisten Tiere wie das Fressen und die Fortpflanzung. Eine gute Tarnung hilft ihnen, nicht gefressen zu werden. Oder sie nutzen ihre Tarntracht, um Beutetieren geschickt auflauern zu können. Die meisten Arten haben in den Jahrmillionen ihrer Entwicklung ausgeklügelte Techniken entwickelt, um sich – perfekt versteckt – in ihrem Lebensraum nahezu unsichtbar zu machen.

Taktik Nummer eins: Ich mache mich unsichtbar! Tiere, die diese Taktik verfolgen, passen sich ihrer Umgebung mit ihrer Körperform, dem Farbmuster ihrer Haut oder ihres Gefieders und ihrem Verhalten perfekt an. Sie sehen aus wie Blüten, Zweige, Baumrinde, wie Blätter, die sich im Wind wiegen, wie Algen, Steine oder der Meeresboden. Der auf Madagaskar beheimatete Plattschwanzgecko (Foto) imitiert zum Beispiel mit seiner Körperform und -farbe so perfekt die welken Blätter seiner Umgebung, dass er für mögliche Fressfeinde nahezu unsichtbar ist. Forscher nennen diese Art der Tarnung „Mimese“. Ihren Feinden wollen die Tiere mit ihrer Tarnung vorgaukeln, leblos und als Beute völlig uninteressant zu sein.

Taktik Nummer zwei: Ich tue so, als sei ich ungenießbar! Leuchtende Farbmuster wie gelb-schwarze Streifen bei Wespen oder rot-schwarze Ringel bei den giftigen Korallenottern signalisieren jedem Tier: Achtung, ich bin gefährlich oder ungenießbar! Fressfeinde machen um diese wehrhaften Tiere einen großen Bogen. Doch nicht alle, die eine solche Warntracht tragen, sind auch wirklich gefährlich. Manche völlig harmlosen Tiere machen sich den schlechten Ruf ihrer Verwandten zunutze und tragen dieselbe Warnfärbung, um Fressfeinde abzuschrecken. Der ungenießbare Kleine Monarch etwa (oben) wird von dem Weibchen des Falters mit wissenschaftlichem Namen *Hypolimnas misippus* (unten) kopiert. Forscher nennen dieses Versteckspiel „Mimikry".

Taktik Nummer drei: Ich mache mich unsichtbar, um meiner Beute besser auflauern zu können! Viele Raubtiere wie Eisbären (oben) oder Leoparden nutzen ihre unauffällige Fellfarbe, um sich ihren Opfern unerkannt nähern und aus nächster Nähe zuschlagen zu können. Der Trick mit der Fellfarbe ist jedoch recht einfach. Viele Tiere haben im Laufe ihrer Entwicklung noch ausgefeiltere Tarntricks entwickelt, um ihre Beute in die Falle zu locken. Der Teppich-Krokodilsfisch (unten) etwa ist vom Meeresboden kaum zu unterscheiden, wenn er geduldig auf vorbeischwimmende Beute wartet. Anglerfische werfen sogar einen Köder aus, um ihre Opfer anzulocken.

Unsichtbar im Blätterwerk

Es hängt am Baum, ist flach und meist grün und bewegt sich sanft im Wind. Du denkst, es ist ein Blatt? Das ist nur fast richtig, denn es könnte sich auch um ein Wandelndes Blatt handeln. Diese in Südostasien beheimateten Insekten sehen Laubblättern täuschend ähnlich. Sie leben auf Bäumen und fressen Blätter, deren Farbe und Form sie bis ins kleinste Detail nachahmen. Selbst welke und etwas ausgefranste „Blatt"-Ränder sind Teil ihrer Tarnung. Sie ahmen jedoch nicht nur die Gestalt von Blättern nach, sondern auch ihre Bewegungen. Wenn ein Windhauch durch die echten Blätter weht, fangen sie an, sich wie ein Blatt hin und her zu wiegen. So wollen sie ihren Fressfeinden vorgaukeln, als nahrhafte Beute wenig interessant zu sein.

Wandelnde Blätter

Den Trick, die Gestalt von Pflanzen oder auch anderen Tieren nachzuahmen und sich damit optisch nicht von ihrer Umgebung zu unterscheiden, um Fressfeinde zu täuschen, nennen Biologen „Mimese". Nicht nur Wandelnde Blätter wenden ihn an, sondern auch viele andere Tiere und Pflanzen, zum Beispiel die Stabschrecken.

Männchen sind bei Wandelnden Blättern oft Mangelware. Manchmal kommt auf 500 Weibchen gerade mal ein Männchen. Daher können sich die Weibchen auch ohne Männchen fortpflanzen.

Das in Thailand beheimatete Große Wandelnde Blatt wird über zehn Zentimeter lang. Es ist die größte Art der Wandelnden Blätter.

Wenn die Wandelnden Blätter aus den Eiern schlüpfen, sehen sie aus wie braune Ameisen. Dadurch sind sie auf dem Erdboden gut getarnt. Sobald sie eine Pflanze finden, krabbeln sie nach oben und verwandeln sich in „lebende" Blätter.

Wandelnde Blätter leben auf Bäumen und Sträuchern im tropischen Südostasien. Tagsüber hängen sie völlig reglos zwischen den Blättern und begeben sich erst im Schutz der Dunkelheit auf Nahrungssuche.

Einzigartige Täuschung: Körper und Flügel sind bei den Wandelnden Blättern stark abgeflacht, und auch die Beine sind wie Blätter verbreitert. Mit ihren Fühlern können die Weibchen zirpende Geräusche erzeugen.

Blatt oder vielleicht doch Insekt? Mit ihrem extrem flachen, gelblich grün gesprenkelten Körper, den Flügeln und Beinen, die wie angefressene Blätter aussehen, sowie den Deckflügeladern, die Blattadern nachahmen, sind Wandelnde Blätter von ihrer Umgebung kaum zu unterscheiden.

Stabschrecken

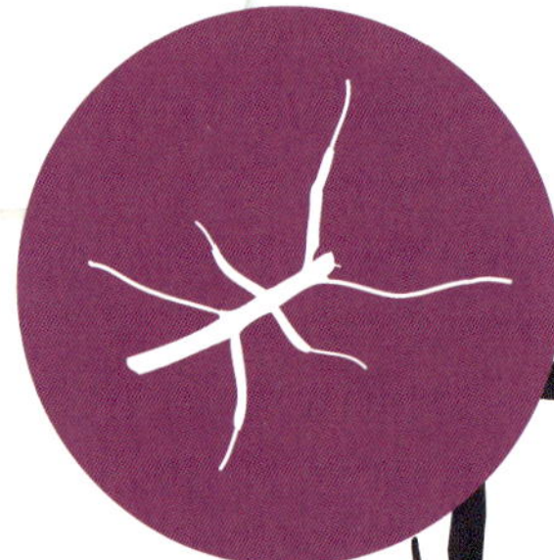

Gespenster des Regenwalds

Du kannst direkt vor einer Stabschrecke stehen und sie doch nicht sehen. Mit ihrem langgezogenen, dürren Körper und den dünnen Beinen hängt sie bewegungslos in einem Strauch und ist von dessen Zweigen nicht zu unterscheiden. So getarnt schützt sie sich perfekt vor ihren Fressfeinden, die sie für einen kleinen dürren Ast halten und sie auf ihrem Beutezug einfach übersehen. Selbst wenn sie sich bedroht fühlen, bleiben die in den Tropen und Subtropen beheimateten Insekten schreckensstarr im Geäst hängen. Bei dem Versuch zu fliehen, würde ihre Tarnung nämlich auffliegen.

Erwachsene Stabschrecken verbringen ihr ganzes Leben zwischen den Zweigen von Sträuchern und Büschen. Am Tag ruhen sie und machen sich erst mit Einbruch der Dämmerung, wenn die meisten ihrer Fressfeinde wie Vögel oder Echsen schlafen, auf Nahrungssuche.

Wie die verwandten Wandelnden Blätter gehören auch die Stabschrecken zu den Gespenstschrecken. Der wissenschaftliche Name lautet Phasmatodea, von dem griechischen Wort „phasma" für „Gespenst". Sie tragen den Namen, da sie sich mit ihrer Tarnung wie Geister und Gespenster „unsichtbar" machen können.

Die für Insekten typischen Vorder- und Hinterflügel haben sich bei den meisten Stabschrecken zurückgebildet. Dennoch gibt es einige Arten mit wohl entwickelten, teils farbenfrohen Flügeln.

Die weiblichen Stabschrecken brauchen, ähnlich wie die Weibchen der Wandelnden Blätter, keine Männchen, um sich zu fortzupflanzen! Bei der sogenannten Jungfernzeugung entwickelt sich der Nachwuchs aus Eiern, die nicht befruchtet werden. Dabei entstehen jedoch fast nur Weibchen.

Die meisten Stabschrecken können weder fliegen noch, wie ihre entfernten Verwandten, die Heuschrecken, große Sprünge vollführen. Sie laufen einfach ganz langsam durchs Geäst.

Die längsten Insekten der Erde sind Stabschrecken. Tiere der Gattung *Acrophylla* können eine Körperlänge von mehr als 20 Zentimetern erreichen! Manche von ihnen werden deshalb auch „Wandelnder Ast“ genannt.

Nur wenn du genau hinschaust, kannst du die Stabschrecke von den Zweigen, auf denen sie steht, unterscheiden. Der dünne, braungraue Körper und die langen, schlanken Beine ahmen das Aussehen der kleinen Äste des Strauchs perfekt nach!

Räuberische Orchideenimitate

Das Jagdareal der Orchideenmantis ist das Blüten- und Blätterwerk tropischer Pflanzen. Die räuberische Insektenfresserin bewohnt mit Vorliebe Orchideen und wartet dort auf Beute. Nähert sich ein unvorsichtiges Insekt auf der Suche nach Nektar der schönen Blüte, schnellen die starken Fangarme der Lauerjägerin klappmesserartig nach vorn und packen das überraschte Opfer. Selbst wehrhafte Insekten wie Wespen oder Bienen sind den kräftigen Fangarmen meist unterlegen. Chancenlos in ihrem Überlebenskampf wird die Beute anschließend von den kräftigen Mundwerkzeugen der Orchideenmantis bei lebendigem Leibe zerteilt und gefressen.

Orchideenmantis

Wasser muss die Orchideenmantis nicht aufnehmen. Sie erhält genügend Flüssigkeit über ihre Nahrung.

Absolut regungslos lauert die Orchideenmantis in ihrer Blüte auf Beute. Sollte sich diese jedoch zu weit von ihr niedergelassen haben, wippt die Fangschrecke beim Laufen wie eine Blüte im Wind, um sich dem arglosen Beutetier langsam und unbemerkt zu nähern.

Ein schwarzer Punkt auf dem Hinterleib der Orchideenmantis sorgt bei so manch kleiner Fliege für Verwirrung. Hält sie doch den unscheinbaren Fleck des Öfteren für einen Artgenossen, dem sie sich hinzugesellt. Das wiederum lockt größere Fliegen an, die auf dem Speiseplan der Orchideenmantis ganz oben stehen.

Orchideenmantis sind meist weiß, doch gibt es auch Tiere mit einer rosafarbenen, roten, grünlichen und manchmal sogar bräunlichen Färbung. Die verbreiterten Fangbeine imitieren das Aussehen von Blüten und sorgen so für die perfekte Tarnung.

Ihren Namen verdankt die Orchideenmantis ihrem Lebensraum. Mit Vorliebe bewohnen die Tiere die Orchideen der feuchten tropischen und subtropischen Regenwälder Südostasiens.

Aufgrund der weißen Farbgebung und der verbreiterten Fangbeine verschmilzt die Orchideenmantis nahezu vollständig mit ihrem Lebensraum. In der Hoffnung auf ein sich unvorsichtig näherndes Insekt, verharrt die so perfekt getarnte Fangschrecke in lang anhaltender Reglosigkeit auf den Kronblättern der Orchideenblüte.

Der Trick der Birkenspanner

Der Birkenspanner ist in unseren Breiten ein sehr häufiger Schmetterling. Du hast ihn noch nie im Garten oder im Wald gesehen? Kein Wunder! Wie kaum ein anderer Schmetterling ist der unscheinbare Birkenspanner mit seiner Tarntracht perfekt an seine Umgebung angepasst. Der Nachtfalter ruht tagsüber auf Ästen oder Baumstämmen und wird erst in der Dämmerung aktiv. Um sich vor Fressfeinden zu schützen, sind seine Flügel weiß gefärbt mit vielen schwarzen Sprenkeln. Auf einer Birkenrinde macht ihn dieses Flügelmuster so gut wie unsichtbar. Und auf der Borke anderer Bäume täuscht er Vögeln trickreich vor, eine trockene und ungenießbare Flechte zu sein.

Birkenspanner

Die Spanner, zu denen der Birkenspanner gehört, sind mit rund 26 000 Arten weltweit die größte Familie der Schmetterlinge.

Viele Verwandte des Birkenspanners tragen eine Tarntracht, die sie auf Baumrinden fast unsichtbar macht, zum Beispiel der Rauten-Rindenspanner oder der Schlehenspanner.

Der Birkenspanner lebt in lichten Wäldern, Auen, Gärten und Parks in Mitteleuropa, Nordamerika und Asien.

Birkenspanner gibt es auch mit dunkel gefärbter Flügelzeichnung. Normalerweise haben sie aufgrund ihrer schlechteren Tarnung in der Natur kaum Überlebenschancen. In Gebieten mit starker Umweltverschmutzung, wo Baumrinden etwa vom Ruß einen schwarzen Überzug haben, sind sie jedoch im Vorteil und vermehren sich stärker als ihre weißen Verwandten.

Amsel, Drossel, Goldhammer und Rotkehlchen haben es schwer, den Birkenspanner auf der Baumrinde zu entdecken. Der schlaue Nachtfalter verlässt sich jedoch nicht nur auf sein Farbmuster, sondern wählt auch seinen Ruheplatz mit Sorgfalt aus. Meist sitzt er auf der Unterseite von Ästen oder an einer schattigen Stelle .

Mit einer Flügelspannweite von bis zu sechs Zentimetern ist der Birkenspanner einer der größten europäischen Spanner.

Wandelnde Zweige

Spannerraupen erkennst du sofort an der eigenartigen Weise, wie sie sich fortbewegen. Die Larven der Spanner, einer Schmetterlingsfamilie, zu der auch der Birkenspanner gehört, schieben ihr Hinterteil zunächst ganz nah an das Vorderteil, so dass sich der Körper schlingenartig nach oben biegt. Dann strecken sie ihren Vorderkörper ganz weit nach vorn. Obwohl sie sich so auffällig fortbewegen, sind Spannerraupen Meister der Tarnung. Ihr langer, dünner Körper ist meist genauso gefärbt wie die Zweige des Baums, auf dem sie leben und große Mengen an Blättern fressen. Wenn sie sich mit den Brustfußpaaren an einen Ast klammern und den Körper starr in die Luft recken, sind sie von den sie umgebenden Zweigen kaum zu unterscheiden.

Spannerraupen

Wusstest du, dass Schmetterlinge die längste Zeit ihres Lebens als Raupen verbringen? Nur wenige Wochen, manchmal nur Tage lang flattern sie als bunt geflügelte Luftakrobaten durch Wälder, Gärten, Parks und Wiesen.

Spannerraupen sind bei Förstern und Gärtnern sehr unbeliebt. Ihre Vorliebe für saftige Knospen und Blätter schädigt oft viele Bäume. Manchmal fressen die Raupen Bäume sogar kahl.

Spannerraupen ernähren sich von saftigen Laubblättern. Du findest sie von April bis August oft auf Eichen, Birken, Pappeln oder Weiden, aber auch auf Rosen-, Himbeer- oder Johannisbeersträuchern. Versuche doch einmal, die Tarnungskünstler zu entdecken!

Raupen verbringen ihre Zeit ausschließlich mit Fressen. Wenn sie wachsen, müssen sie sich häuten, denn ihre Haut wächst nicht mit. Bei der letzten Häutung verwandelt sich die Raupe in eine Puppe, aus der der Schmetterling schlüpft.

Im eleganten Spannerschritt über den Ast: Wenn die Spannerraupen ihr Hinterteil mit den zwei Bauchfußpaaren an das Vorderteil schiebt, biegt sich ihr Körper wie ein Katzenbuckel nach oben.

Entdeckst du die Spannerraupe? Kaum ein anderes Insekt beherrscht es so gut, sich unsichtbar zu machen. Die Raupen ahmen nicht nur die Farbe und Form kleiner Äste perfekt nach, sondern täuschen manchmal sogar kleine Blattknospen an ihrem Körper vor. Dies ist für die Spannerraupen absolut überlebenswichtig, denn sie sind die Lieblingsspeise zahlreicher Vogelarten!

Die magische Verwandlung der Blattschmetterlinge

Schmetterlinge gehören zu den buntesten Insekten der Erde. Ihre Flügel schillern in unzähligen leuchtenden Farben. Auch die Blattschmetterlinge, die in Südostasien und Australien leben, tragen einen auffällig farbenfrohen Schmuck. Auffällig sind sie jedoch nur, solange sie fliegen. Sobald sich ein Blattschmetterling auf einem Ast niedergelassen hat, klappt er die Flügel zusammen. Und dann geschieht das Unglaubliche: Der Schmetterling wird auf der Stelle unsichtbar! Ist da Magie im Spiel? Nein, nur eine perfekte Mimesis. Mit ihren Flügelunterseiten kopieren Blattschmetterlinge täuschend echt das Aussehen von dürren, welken Blättern.

Blattschmetterlinge

Mit einer Flügelspannweite von neun bis zwölf Zentimetern sind die tropischen Blattschmetterlinge größer als die meisten unserer heimischen Arten.

Blattschmetterlinge leben in den dichten tropischen Wäldern Indiens, Myanmars, Thailands, Südchinas und Australiens.

Der wissenschaftliche Name der Blattschmetterlinge lautet Kallima. Der Gattungsname stammt ab von dem griechischen Wort „kalós" für „schön".

Die leuchtenden Farben der Flügeloberseiten verraten nicht, wie geschickt der Indische Blattschmetterling seine Fressfeinde hinters Licht führt, wenn er seine Flügel geschlossen hat.

Der Indische Blattschmetterling geht bei seiner Tarntracht ganz auf Nummer sicher: Auf seinen Flügelunterseiten imitieren kleine dunkle Sprenkel einen Schimmelbefall und gräuliche Flecken ahmen einen Flechtenbewuchs auf dem vorgetäuschten Blatt nach.

Welches Blatt ist der Schmetterling? Die graubraunen Flügel des Blattschmetterlings sehen einem welken Blatt zum Verwechseln ähnlich. Sie ahmen nicht nur dessen Farbe und Form perfekt nach. Dünne dunkle Linien imitieren die Blattadern und der kleine Schwanz an den beiden hinteren Flügeln sieht aus wie ein Blattstiel. Der Blattschmetterling berührt einfach mit dem Schwanz einen Ast, und schon ist das Blatt „angewachsen“.

Achtung, stachelig!

Buckelzirpen sehen aus wie Insekten von einem anderen Planeten. Wie ein Buckel ragen seltsame Auswüchse auf ihrem Rückenpanzer nach oben in die Luft. Einige tragen bizarre Gebilde, die aussehen wie Antennen. Bei anderen sitzen vier behaarte schwarze Kugeln auf einem Stiel, mit denen die Tiere Luftschwingungen von sich nähernden Feinden wahrnehmen können. Obwohl viele Buckelzirpen in einem so exzentrischen Look auftreten, sind manche von ihnen wahre Tarnungskünstler. Die auch in Europa vorkommende Büffelzikade ist von einem leuchtend grünen Blatt kaum zu unterscheiden. Und die Buckelzirpenart *Umbonia crassicornis* ahmt mit ihrem Rückenschild täuschend echt spitze Dornen nach.

Buckelzirpen

Optisch die Dornen eines Rosenstrauches nachahmend, verharrt die Buckelzirpe bewegungslos in ihrer natürlichen Umgebung. Sollte sich dennoch ein Fressfeind nähern, verschwindet sie mit einem kräftigen Sprung plötzlich aus dem Gesichtsfeld des Angreifers

Die bei uns heimische Dornzikade tarnt sich geschickt mit zwei wehrhaften dornenartigen Höckern auf dem Rücken. Die ideale Ausrüstung, um an Brombeersträuchern nicht aufzufallen.

Zwischen Ameisen und Buckelzirpen kommt es manchmal zu einer besonderen Freundschaft. Einige Ameisenarten lieben den zuckerhaltigen Kot, den die Buckelzirpen ausscheiden. Sie trinken ihn und schützen im Gegenzug die auf den Zweigen sitzenden Zikaden!

Die Büffelzikade ist eigentlich nicht in Europa heimisch. Sie stammt ursprünglich aus Nordamerika. Von dort reiste sie vor rund einhundert Jahren auf kleinen Obstbäumchen nach Europa und hat sich seitdem hier angesiedelt. Eine Tierart, die auf diese Weise durch den Menschen in ein neues Gebiet eingeschleppt wird, nennt man „Neozoon".

Die meisten Buckelzirpenarten sind in tropischen Gebieten heimisch. In Europa leben nur fünf Arten. Einige von ihnen sind bei Obstbauern und Winzern gefürchtet, da sie mit ihrem Saugrüssel Blätter und Zweige anstechen und Pflanzensaft saugen und die Gehölze so schädigen, dass die befallenen Pflanzenteile absterben.

Die kleinsten Buckelzirpen werden nur etwa 4,5 Millimeter lang. Die größten Arten, zu denen auch die Art Hemikyptha gehört, messen bis zu 2,5 Zentimeter.

Autsch, das piekst! Der dornenförmige Rückenschild der in Costa Rica beheimateten Buckelzirpenart *Umbonia crassicornis* schreckt Vögel ab, die den Buckel mit tatsächlichen Dornen der Pflanze verwechseln. Sollte ein Fressfeind dennoch einmal zuschnappen, bekommt ihm die stachelige Zirpe nicht besonders gut.

Wer schmückt sich da mit fremden Streifen?

Warum sich verstecken, wenn man die Fressfeinde auch auf eine viel raffiniertere Weise in die Irre führen kann? Das denken sich wohl auch die Schwebfliegen. Die harmlosen Insekten, die sich von Blütennektar ernähren, tragen auffällige schwarze und gelbe Streifen auf dem Körper. Dieses Muster hat im Tierreich jedoch Signalwirkung. Es zeigt an: Achtung, ich bin gefährlich! Vögel beispielsweise wissen, dass es ihnen nicht gut bekommt, Wespen zu jagen, denn die Stiche sind sehr schmerzhaft. Genau diese Ängste machen sich die Schwebfliegen zunutze: Sie imitieren die schwarz-gelbe Tracht der Wespen, Bienen oder Hornissen und schrecken dadurch ihre Fressfeinde ab.

Schwebfliegen

Die Methode vieler Insekten, die Farben, Muster oder Körperformen von ungenießbaren oder giftigen Verwandten nachzuahmen, um sich vor Fressfeinden zu schützen, nennen Wissenschaftler „Mimikry".

Schwebfliegen sind wahre Luftakrobaten. Sie können seitwärts und rückwärts fliegen und sogar wie ein Hubschrauber in der Luft stehen bleiben. Dieses „Schweben" in der Luft hat ihnen ihren Namen eingebracht.

Eine Schwebfliegenart, die das Aussehen der Honigbiene nachahmt, legt ihre Larven in Jauchegruben ab. Sie wird deshalb auch Mistbiene genannt. Die Larven der Mistbiene atmen durch ein langes, dünnes Atemrohr, eine Art Schnorchel, der am Hinterende des Körpers angebracht ist.

Schwebfliegen sind sehr nützliche Insekten. Wenn sie von Blüte zu Blüte fliegen, um Nektar zu trinken, bestäuben sie gleichzeitig die Blüten.

Original oder Fälschung? Täuschend echt sieht die schwarz-gelbe Warntracht der Schwebfliege aus. Die leuchtenden Streifen auf dem Hinterleib signalisieren jedem Fressfeind: Achtung, ich steche! Wer das glaubt, den hat die Schwebfliege ganz schön reingelegt!

Unsichtbar im Blütenmeer

Wozu Netze bauen, wenn einem die Beute direkt vor die Beißwerkzeuge läuft? Das müssen sich wohl auch die Krabbenspinnen gedacht haben. Perfekt versteckt lauern sie in weißen oder gelben Blüten geduldig auf ihre Beute. Die vorübereilenden Insekten haben meist nur wenige Chancen, die Meister der Tarnung rechtzeitig zu erkennen. Solange die Krabbenspinne stillsitzt, ist sie auf den gleichfarbigen Blütenblättern nur schwer zu erkennen. Einige blütenbewohnende Achtbeiner können sogar ihre Farbe wechseln. So wird aus einem blütenweißen Exemplar mit roten Streifen in kurzer Zeit eine leuchtend gelbe Krabbenspinne.

Krabbenspinnen

Krabbenspinnen sind sesshafte Tiere. Nicht selten verbringt eine Krabbenspinne beinahe ihr ganzes Leben auf ein und derselben Pflanze, zum Beispiel auf einem Grasbaum.

Ihren Namen verdanken die Krabbenspinnen ihren beiden extrem langen vorderen Beinpaaren. In Ruhestellung leicht angewinkelt, verleihen sie der Spinne das Aussehen einer Krabbe mit großen Scheren. Mit den seitlich gestellten Beinen können die Tiere zudem wie die Krabben seitwärts laufen.

Neben blütenbewohnenden weißen und gelben Krabbenspinnen gibt es auch auf Blättern lebende grüne Exemplare sowie bräunlich gefärbte Krabbenspinnen, die auf Baumstämmen oder in Bodennähe beheimatet sind.

Krabbenspinnen sind durchschnittlich nur einen Zentimeter lang. Das hält sie jedoch nicht davon ab, bemerkenswert große oder wehrhafte Insekten zu überwältigen. Zu ihren Leibspeisen gehören beispielsweise Honigbienen.

Einige Krabbenspinnen betreiben Vorratshaltung. Mit einem Seidenfaden spinnen sie die erlegte Beute zu einem handlichen Päckchen zusammen und verstauen sie unterhalb der Blüte, auf der sie leben.

Unsichtbar in den dicht verwobenen Staubblättern eines Grasbaumes lauert diese Krabbenspinne auf Beute. Nähert sich ein ahnungsloses Insekt, packen die beiden stark bestachelten Vorderbeine zu und das überraschte Tier wird mit einem Giftbiss gelähmt und anschließend ausgesaugt.

Krabben mit Dachgarten

Tarnkleid im Rindenmuster, ein krustiger Steinpanzer oder die Hautfarbe wechseln: Das kann doch jeder! Das denken sich wohl auch die Seespinnen. Die kleinen Krebse, die im Meer leben, haben sich eine der ausgefallensten Tarnungen im Tierreich ausgedacht. Sie dekorieren ihren dreieckigen Rückenpanzer und ihre Beine nämlich mit allerlei Material, das sie bei ihren Spaziergängen über die felsigen Meeresböden aufsammeln: Muschelschalen, Algen, Seegras, Anemonen oder kleine Schwämme. Die kreativen Krebse mit dem Dachgarten auf dem Rücken werden daher auch Schmuckkrabben oder Dekorateurkrabben genannt.

Schwimmen können die Seespinnen nicht. Mit ihren langen Beinen kriechen die Krebse langsam über den Meeresboden. Was ihnen bei ihren Spaziergängen gerade vor die kräftigen Scheren kommt, wird gefressen oder als Dekomaterial gesammelt.

Schmuckkrabben

Mit den beiden langen Scherenfüßen schnappen sich die Schmuckkrabben die Dekoration aus ihrer Umgebung und befestigen sie an hakenförmigen Borsten, einer Art Klettverschluss, mit denen ihr Rückenpanzer und ihre Beine übersät sind.

Mit den kleinen Schmuckkrabben sind die größten Seespinnen der Erde verwandt. Der Körper der Japanischen Riesenkrabben wird etwa 45 Zentimeter lang, und ihre Beine haben eine Spannweite von mehr als drei Metern!

Seespinnen sind keine Spinnen! Ihren Namen haben die Zehnfußkrebse wegen ihrer langen Beine, die Spinnenbeinen ähneln.

Was passiert mit der Panzerdeko, wenn die Schmuckkrabbe wächst und sich häutet? Die Tarnung auf dem alten Panzer wirft die umweltbewusste Seespinne nicht einfach weg, sondern verwendet sie wieder. Mit ihren Scheren schneidet sie das mühsam zusammengeklaubte Dekomaterial ab und setzt es wieder auf den ausgehärteten neuen Panzer. Perfektes Recycling!

Unter den Algen und Anemonen, den kleinen Schwammteilchen und dem Seegras auf ihrem Rückenpanzer ist die Schmuckkrabbe kaum zu erkennen. Wie praktisch, dass sich die Seespinnen auch von Algen und Anemonen ernähren. Wenn gerade keine Leckerbissen in Fangweite sind, können die hungrigen Allesfresser ihre Mahlzeit auch von ihrem Dachgarten ernten.

Gut getarnt im Wattenmeer

Hast du im Sommer bei einer Wattwanderung an der Nordsee schon einmal im Sand eingegrabene Garnelen gesehen? Man muss genau hinschauen, um die etwa acht Zentimeter langen Schwimmkrebse zu entdecken. Ihr gesprenkelter Panzer passt sich perfekt an den sandigen Untergrund an. Aber auch im Meer sind die Nordseegarnelen Meister der Tarnung. Die nachtaktiven Räuber halten sich während des Tages in größeren Meerestiefen auf. Dort sieht alles blau aus, denn das Wasser lässt nur die Wellenlänge von blauem Licht in Tiefen von etwa 50 Metern. Die schlaue Garnele macht sich unsichtbar, indem sie ihre blaue Tarnfarbe anlegt. Wenn sie in der Nacht auf Beutefang an die Wasseroberfläche kommt, wechselt sie ihre Farbe von sandfarben nach bläulich grün.

Nordseegarnelen

Nordseegarnelen landen bei uns oft als „Krabben" auf dem Teller. Dabei sind die Garnelen gar keine Krabben. Krabben sind rundliche Krebse mit festem Panzer und kräftigen Scheren, die sich seitlich vorwärts bewegen. Die Garnelen haben dagegen eine längliche Körperform mit langen Fühlern.

Wenn die jungen Garnelen wachsen, müssen sie sich häuten, da der ledrige Panzer nicht mitwächst. Nach der Häutung muss sich die Garnele besonders vor Fressfeinden hüten, denn es dauert einige Zeit, bis ihr neuer Panzer wieder fest und wehrhaft ist.

Nur etwa eines von 50 000 Garneleneiern entwickelt sich zu einer erwachsenen Garnele. Der Rest wird aufgefressen oder stirbt auf eine andere Art.

Nordseegarnelen ernähren sich von Algen, winzigen Krebsen und Würmern. Aber auch Füße knabbern sie manchmal an. Strecke bei einer Wattwanderung deine Füße in einen Priel. Vielleicht merkst du schon bald, dass eine hungrige Garnele deinen Fuß mit einem leckeren Beutetier verwechselt.

Die nachtaktiven Garnelen orten ihre Beute mit Hilfe des Geruchssinns. Ihre Augen sind für die Beutejagd ungeeignet. Mit ihnen können sie nur hell und dunkel wahrnehmen.

Den Herbst und Winter verbringen Garnelen in tieferen Wasserschichten des Meeres, die nicht so stark auskühlen. Im Sommer wandern sie in das wärmere Wattenmeer. Dort kannst du sie im Sand vergraben finden.

Von den Sandkörnern kaum zu unterscheiden ist die Nordseegarnele, wenn sie sich im Sommer tagsüber im Watt eingräbt. Sie lässt sich mit der Flut ins Watt spülen und verharrt während der Ebbe oft in den Prielen.

Phantome der Tiefe

Tintenfische sind von allen Tieren die ideenreichsten Tarner und Täuscher. Manche der intelligenten Meeresbewohner, zu denen die Oktopoden, die Kraken, die Sepien und die Kalmare gehören, wenden gleich mehrere Techniken an, um ihre Feinde hinters Licht zu führen. Jeder weiß, dass Tintenfische eine Wolke aus schwarzer Flüssigkeit ausstoßen, wenn sie sich bedroht fühlen, um dann flugs in deren Schutz zu verschwinden. Aber wusstest du, dass die Kopffüßer auch die Farben, Muster und Oberflächenstruktur ihrer Haut in sekundenschnelle verändern können, um sich ihrem Untergrund anzupassen?

Tintenfische

Tintenfische kannst du anhand der Anzahl der Fangarme unterscheiden: Oktopoden und Kraken haben acht Arme, Sepien und Kalmare zehn. Da die Arme direkt am Kopf angewachsen sind, nennt man die Tiere auch Kopffüßer.

Selbst der Name führt uns in die Irre: Tintenfische sind nämlich gar keine Fische, sondern gehören wie die Muscheln und die Schnecken zu den Weichtieren. Sie besitzen kein Skelett, die meisten auch keine harte äußere Schale (Ausnahme: Nautilus).

Tintenfische gehören zu den ältesten bekannten Tieren der Erde. Seit 500 Millionen Jahren bevölkern sie unseren Planeten.

Eine der raffiniertesten Tarntechniken nutzt der Zwergtintenfisch mit dem wissenschaftlichen Namen „Euprymna scolopes". Wenn er im Mondschein in seichten Gewässern auf Beutefang geht, läuft er selbst Gefahr, Opfer von Raubfischen zu werden. Denn diese Prädatoren jagen meist Beutetiere, die über ihnen schwimmen. Euprymna scolopes sendet daher mit Hilfe von Leuchtbakterien Licht aus. So löst sich der Umriss seines Körpers von unten gesehen gegen das helle Mondlicht auf und er wird für die Räuber unter ihm unsichtbar.

Bei Gefahr stoßen Tintenfische eine dunkle Wolke aus schwarzer Tinte aus. Damit lenken sie den Feind ab und können unbemerkt das Weite suchen. Die Tinte besteht aus dem Farbstoff Melanin, der beim Menschen für die dunkle Haarfarbe verantwortlich ist. In der italienischen Küche wird die Tinte auch für die Herstellung von schwarzen Nudeln verwendet.

Meister der Verwandlung: Die Haut der Tintenfische ist übersät von Farbstoffzellen, den sogenannten Chromatophoren. Mit Hilfe winziger Muskeln können sie die Zellen an- und ausschalten und so ihr Aussehen verändern – bis zu 1000 Mal am Tag!

Verwandlungskünstler mit acht Armen

Als Taucher zum ersten Mal den Karnevalstintenfisch in Aktion beobachteten, trauten sie ihren Augen nicht. Der Oktopus mit dem schwarz-weiß gestreiften Muster verwandelte sich plötzlich, als Gefahr drohte, in eine aufgeplusterte schwarze Meeresspinne, um kurz darauf mit eng zusammengepressten Fangarmen als flache Flunder getarnt davonzuschwimmen. Ahmt dieser Tintenfisch etwa das Aussehen und Verhalten anderer Tiere nach, fragten sich die Forscher. Und tatsächlich entdeckten sie den begabten Schauspieler kurze Zeit später in einem Loch im Meeresboden, wo er nur zwei seiner extrem langen und dünnen Fangarme herausschauen ließ und einem interessierten Fisch vorgaukelte, eine giftige Seeschlange zu sein.

Der Karnevalstintenfisch lebt im flachen Wasser vor den Küsten Malaysias und Indonesiens. Der sandige Meeresboden in diesen Regionen bietet Tieren nicht viele Möglichkeiten, sich vor Feinden zu verstecken. Räuberische oder giftige Tiere nachzuahmen, ist daher die beste Methode zur Abschreckung von Feinden.

Da die Tintenfische kein festes Skelett haben, können die manchmal mehrere Meter langen Weichtiere auf der Flucht vor Feinden durch Felsspalten schlüpfen, die nicht mehr als zwei Finger breit sind.

Dass harmlose Tiere zum Schutz vor Fressfeinden das Aussehen giftiger oder räuberischer Tiere nachahmen, kommt in der Natur sehr häufig vor. Wissenschaftler kennen jedoch kein anderes Tier, das wie der Karnevalstintenfisch in der Lage ist, gleich mehrere Tiere zu imitieren.

Karnevalstintenfische

Da der Karnevalstintenfisch wie ein Schauspieler in andere (Tier-) Rollen schlüpft, gaben ihm die Wissenschaftler den Beinamen „mimicus", der von dem lateinischen Wort „mimus" für „Schauspieler" oder „Nachahmer" abgeleitet ist.

Der Karnevalstintenfisch ist einer der seltensten Tintenfische in unseren Meeren. Lange Zeit wussten Forscher überhaupt nicht, dass es ihn gibt. Erst im Jahr 2001 wurde die Art entdeckt.

Es grenzt an Magie, was der Tintenfisch mit dem wissenschaftlichen Namen *Thaumoctopus mimicus* mit seinen extrem langen und dünnen, schwarz-weiß gestreiften Fangarmen alles anstellen kann. In Sekundenschnelle verwandelt er sich in eine Flunder, eine gefährliche Seeschlange oder wie hier in einen hochgiftigen Rotfeuerfisch.

Durchsichtige Giftspritzen

Bist du am Strand schon einmal auf eine Qualle getreten? Sicher hast du die schmerzhafte Berührung mit dem glibberigen Tier nicht vergessen. Quallen verfügen über sogenannte Nesselkapseln, die an langen Tentakeln sitzen. Bei der kleinsten Berührung öffnen sich die Kapseln und eine Art Harpune schießt heraus, die ein lähmendes Gift enthält und dieses in die Haut injiziert. Obwohl es eigentlich dazu gedacht ist, Beutetiere oder Feinde unschädlich zu machen, brennt das Gift auch auf unserer Haut wie Feuer! Das Heimtückische an Quallen ist, dass man sie am Strand kaum sieht, denn die meisten sind beinahe durchsichtig – für die gallertigen Quallen in den Tiefen des Meeres eine perfekte Tarnstrategie!

Quallen haben keine Augen und keine Ohren, sondern nur einen Mund und Fangarme, die Tentakel. Fortbewegen können sie sich kaum aus eigener Kraft. Meist lassen sie sich in riesigen Schwärmen von der Meeresströmung treiben.

Die längsten Tentakel hat eine Quallenart in den tropischen Meeren. Bis zu 50 Meter reichen die giftigen Fangfäden der Portugiesischen Galeere in die Tiefe. Mit den Millionen von giftigen Nesselkapseln fängt die Qualle Fische.

Nicht alle Quallen machen sich mit einem durchsichtigen Körper unsichtbar. Die Kronenqualle ist leuchtend rot gefärbt und dennoch in ihrem Lebensraum perfekt getarnt. Sie lebt in Tiefen unter 1000 Metern, wo rote Lichtwellen nicht mehr ankommen. Dort erscheint rot einfach nur schwarz.

Die langen Tentakel sind gefährliche Waffen, mit denen Quallen sich verteidigen oder Beute fangen. Berührt ein kleiner Fisch einen solchen Fangarm, schießt aus den Nesselkapseln sofort ein giftiges Geschoss heraus, das in die Haut des Opfers eindringt. Ihre Beute lähmt die Qualle so innerhalb von Sekunden und verschlingt sie am Stück.

Vor den Küsten Australiens leben die giftigsten Quallen der Erde. Die bis zu drei Meter langen Tentakel der Seewespen enthalten so viel Gift, dass ein Tier allein damit 200 Menschen töten können.

Die Mangrovenqualle hat eine besonders ausgefeilte Fresstechnik entwickelt: Mit dem Schirm nach unten liegend, macht sie es sich auf dem Meeresboden oder zwischen Korallen gemütlich und strudelt sich mit Hilfe von kleinen Wimpern im Meerwasser schwimmendes Plankton durch kleine Öffnungen in den Körper.

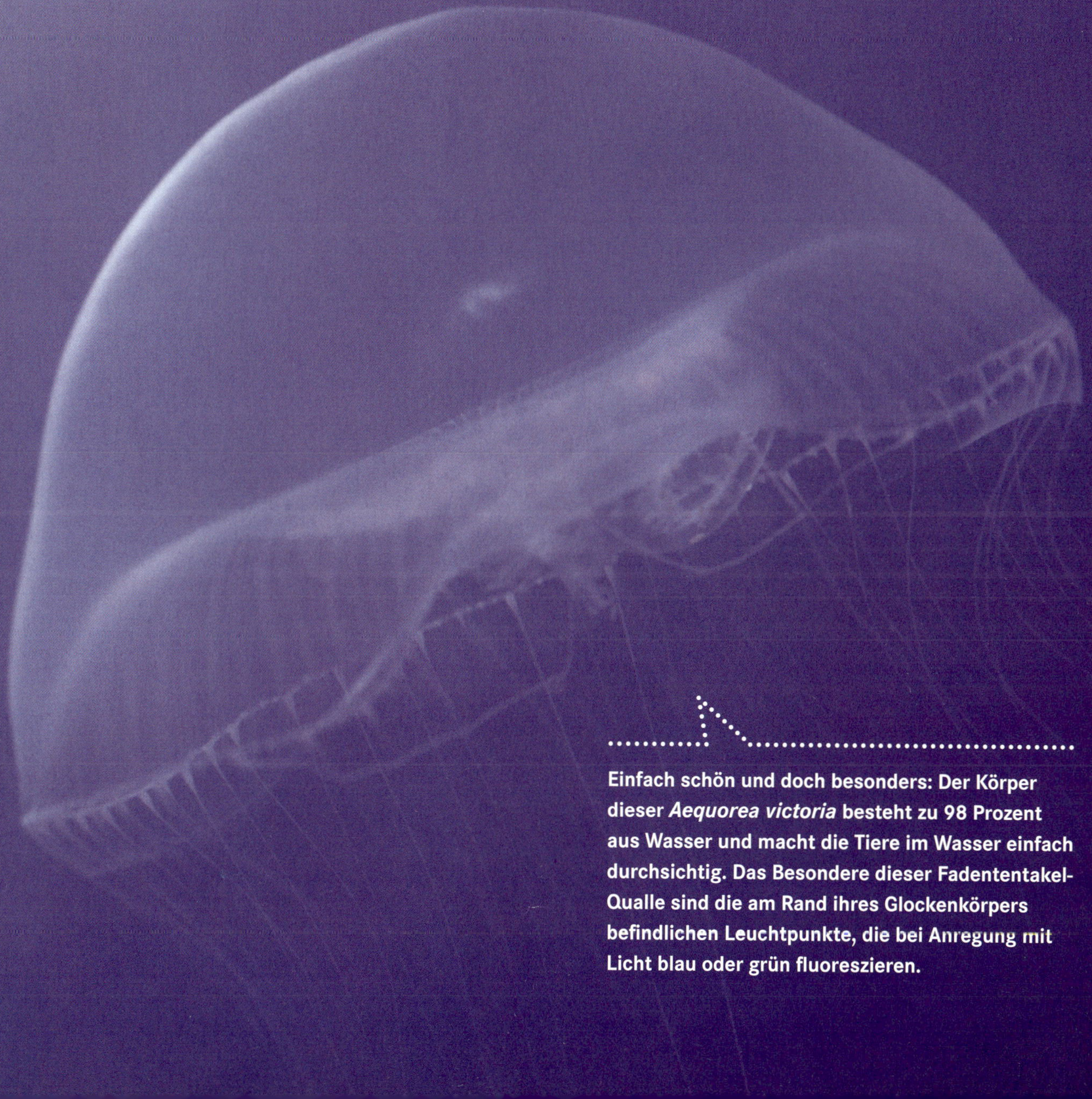

Einfach schön und doch besonders: Der Körper dieser *Aequorea victoria* besteht zu 98 Prozent aus Wasser und macht die Tiere im Wasser einfach durchsichtig. Das Besondere dieser Fadententakel-Qualle sind die am Rand ihres Glockenkörpers befindlichen Leuchtpunkte, die bei Anregung mit Licht blau oder grün fluoreszieren.

Unsichtbare Jäger am Meeresgrund

Rochen gehören zu den elegantesten Schwimmern der Meere. In wellenförmigen Bewegungen schlagen sie mit ihren Brustflossen, die wie die Flügel eines riesigen Vogels aussehen. Spektakulär sieht es aus, wenn ihr flacher Körper majestätisch durch die Weiten der Ozeane gleitet. Wenn die Verwandten der Haie jedoch am Meeresboden auf Beutejagd gehen, machen sie sich so unsichtbar, wie es nur geht. In einer Tiefe von höchstens 20 Metern graben sie sich in den Sand ein, so dass nur noch die Augen herausschauen. In dieser Position warten sie geduldig auf vorbeiziehende Krebse, Fische, Muscheln oder Schnecken. Sobald die Beute nahe genug ist, schlagen sie blitzschnell zu.

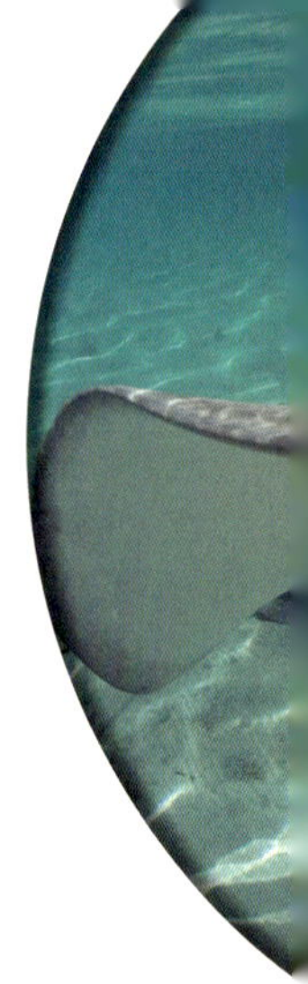

Der auffällige lange Schwanz trägt bei vielen Rochenarten einen Stachel, mit dem die Tiere schmerzhaft zustechen können. Der Schwanz der Stachelrochen ist sogar mit Giftstacheln besetzt und kann für den Menschen tödlich eingesetzt werden.

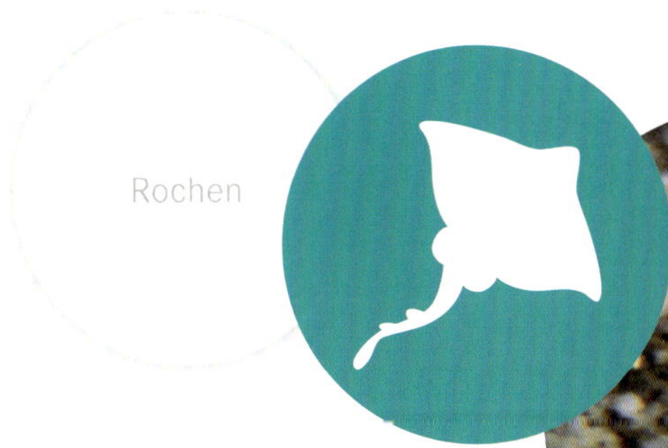

Die Jungen der meisten Rochenarten erblicken das Licht der Welt nicht im Ei, wie für die meisten Fische üblich, sondern schlüpfen bereits im Körper der Mutter aus der Eihülle. Die Mutter bringt ihre Jungen dann lebend zur Welt.

Die größten Rochen sind die Mantas. Sie erreichen eine Spannweite der Brustflossen von bis zu sieben Metern. Anders als die meisten ihrer Verwandten ernähren sich die harmlosen Mantas wie die Blauwale von Plankton, das sie sich mit zwei Fortsätzen am Kopf zum Mund lenken und dann mit den Kiemen aus dem Wasser filtern.

Die bis zu 2,50 Meter langen Rochen sind in allen wärmeren Meeren verbreitet. Einige Arten leben auch in der Nordsee.

Die majestätischen Rochen sind Bewohner des Flachwassers. Sie halten sich in Tiefen von bis zu 20 Metern auf. Am liebsten gleiten sie mit ihren riesigen Brustflossen knapp über dem Meeresboden.

Ein Rochen in Lauerstellung: Die sandfarbene Haut mit den braunen Sprenkeln lässt ihn mit dem Untergrund verschmelzen. Nur die an der Körperoberseite sitzenden Augen und Atemlöcher sind noch zu sehen. Eine perfekte Tarnung. Beutetiere entdecken den Räuber zumeist erst dann, wenn es schon zu spät ist.

Gut getarnt in Lauerstellung

Woher die Seepferdchen ihren Namen haben, ist nicht schwer zu erkennen. Der Kopf sieht einem Pferd ähnlich, auch wenn der Rest des Körpers nichts mit einem Huftier gemeinsam hat. Trotz ihrer aufrechten Körperhaltung sind Seepferdchen Fische. Ihren Schwanz benutzen die Tiere wie einen Greifarm, um sich an Wasserpflanzen oder Korallen festzuhalten und nicht von der Strömung fortgetrieben zu werden. Wenn sie ihren Halt einmal verlieren, dient die kleine Rückenflosse als Steuerruder. Dabei kommen sie aber vergleichsweise langsam voran. Seepferdchen sind typische Lauertiere. Reglos warten sie in ihrem Versteck, bis ihnen ein Beutetier direkt vors Maul schwimmt, um es dann blitzschnell anzusaugen und zu verschlucken.

Zwerg-Seepferdchen

Seepferdchen haben nur wenige Fressfeinde. Aufgrund ihres Aussehens werden die zwischen Pflanzen oder Korallen schwebenden Tiere von Raubfischen nicht als Beute erkannt. Zudem verdirbt ihr harter Panzer aus Knochenplatten den meisten Fischen den Appetit.

Das Zwerg-Seepferdchen ist nach dem Denise-Seepferdchen das zweitkleinste bekannte Seepferdchen. Der nur zwei Zentimeter große Winzling bewohnt die Korallenriffe im westlichen Pazifik.

Die Aufzucht der Jungen ist bei den meisten Seepferdchen Männersache. Nachdem das Weibchen die Eier in der Bruttasche am Bauch des Männchens abgelegt und er sie besamt hat, brütet das Männchen die Eier auch aus und kümmert sich um den Nachwuchs.

Verliert ein Seepferdchen während einer Auseinandersetzung mit einem der wenigen Fressfeinde eine Flosse, so wächst diese innerhalb von zwei Wochen wieder nach.

Seepferdchen sind extrem treue Tiere. Ein Leben lang bleiben die liebesbedürftigen Meeresbewohner mit einem Partner zusammen. Stirbt einer der beiden, trauert der andere lange Zeit, bevor er sich einen neuen Partner sucht. Doch meist überlebt auch er nicht mehr lange.

Entdeckst du das Zwerg-Seepferdchen zwischen den dicht verwobenen Armen der Gorgonienkoralle? Nur die schwarzen Augen verraten den kleinen Fisch. Dank seines hellgrauen Körpers und der roten, warzenförmigen Tuberkel verschmilzt der putzige Meeresbewohner fast vollständig mit seinem Lebensraum.

Stein oder nicht Stein?

Geduld ist das halbe Leben, denkt sich der Steinfisch. Seelenruhig liegt er tage-, manchmal wochenlang an derselben Stelle am Meeresboden oder am Korallenriff auf der Lauer und wartet auf Beute. Für seine vorbeischwimmenden Opfer hat er sich unsichtbar gemacht. Seine rot-orangefarbene oder gelblich braune Haut ist fleckig oder verkrustet wie ein Stein und mit allerlei fransigen Auswüchsen geschmückt, die wie Algen aussehen. Dann noch ein bisschen im Sand eingraben und fertig ist die perfekte Tarnung – einem Stein zum Verwechseln ähnlich und vom Untergrund, auf dem er liegt, nicht zu unterscheiden. Fische oder Krebse haben keine Chance, den Lauerjäger rechtzeitig zu erkennen, bevor er blitzschnell sein Maul öffnet und sie verschlingt.

Nicht gerade eine Schönheit ist der Steinfisch mit seiner warzigen Haut, den zotteligen Auswüchsen und dem nach oben stehenden Maul. Dem Lauerjäger ist sein Aussehen jedoch herzlich egal, solange er bei der Jagd erfolgreich ist!

Vorsicht, nicht drauftreten! Der Steinfisch gehört zu den giftigsten Fischen der Erde. Das Gift in seinen Flossenstacheln ist so stark, dass es auch für Menschen sehr gefährlich ist und zum Tod führen kann. Besonders gefährdet sind Badende, die versehentlich auf den Fisch treten, da sie ihn mit einem Stein verwechseln.

Steinfische leben in den tropischen Teilen des Indischen und des Pazifischen Ozeans, hauptsächlich vor den Küsten Australiens und Südafrikas.

Wie die Anglerfische ist auch der Steinfisch ein schlechter Schwimmer, der sich nur unwillig von seinem Jagdort entfernt.

Die bis zu 40 Zentimeter langen Steinfische können Beutetiere verschlingen, die so groß sind wie sie selbst.

Kannst du die Augen und den u-förmigen Mund des Steinfisches erkennen? Der krustige und warzige Körper des Räubers passt sich in Farbe und Muster perfekt dem Meeresboden an und ist von einem Stein kaum zu unterscheiden – daher hat er auch seinen Namen.

Teuflische Trickbetrüger

Den Seeteufel kennst du vielleicht als schmackhaften Speisefisch. Wusstest du aber, dass der räuberische Meeresbewohner einer der kaltschnäuzigsten Betrüger im Tierreich ist? Wenn der Seeteufel auf Beutefang geht, verlässt er sich ganz auf seine hervorragende Tarnung. Seine schuppenlose Haut passt sich farblich perfekt dem Meeresboden an. Kleine Hautfetzen am Körper, die sich in der Strömung wiegen, sehen aus wie Algen oder Korallen und lassen die Umrisse des Räubers vor dem Untergrund verschwimmen. Sobald der Seeteufel sich auf diese Weise unsichtbar gemacht hat, beginnt er sein betrügerisches Spiel: Mit einer Art Angelrute wedelt er direkt vor seinem Maul und lockt damit seine Beute eiskalt in die Falle.

Anglerfische

Wo kommt eigentlich die Angel her? Bei den Anglerfischen, zu denen auch der Seeteufel gehört, ist der vorderste Strahl der Rückenflosse wie eine Angel lang ausgezogen. Ein kleiner Hautlappen am Ende gaukelt den Beutefischen einen leckeren Happen vor.

Was passiert, wenn der hungrige Beutefisch den Köder aus Versehen abbeißt? Keine Angst, das lebenswichtige Hautläppchen wächst wieder nach.

Bei den Tiefseeanglerfischen jagen nur die Weibchen. Die nur wenige Zentimeter großen Männchen hängen auf dem Rücken der bis zu einem Meter langen Weibchen und lassen sich von ihnen miternähren. Bei den kleinen Schmarotzern haben sich im Laufe der Zeit sogar Zähne und Darm zurückgebildet.

Anglerfische sind ziemlich schlechte Schwimmer! Die meiste Zeit ihres Lebens verbringen sie ruhend auf dem Meeresboden und warten, dass leckere Beute vorbeischwimmt.

In nur sechs Millisekunden reißt der Anglerfisch sein Maul auf, um die Beute zu verschlingen. Das ist schneller, als sich ein Airbag aufbläst!

Achtung Falle! Nahezu unsichtbar liegt der Seeteufel am Meeresboden. Beutefische sehen nur die Angel mit dem wurmförmigen Köder, den sie für einen zappelnden Leckerbissen halten. Sobald sie danach schnappen, öffnet der Seeteufel blitzschnell sein großes Maul. Dadurch entsteht ein Sog, der die arglose Beute Beute förmlich in den Schlund des Räubers hineinzieht.

Verwandte des Seeteufels sind die Tiefseeanglerfische. Auch sie locken ihre Beute mit einer Angel an. Da es in 1000 oder mehr Metern Tiefe jedoch stockdunkel ist, trägt der Köder sogar noch ein Leuchtorgan, das neugierige oder hungrige Fische anlockt.

Im Fetzenkleid in Sicherheit

Wenn der Fetzenfisch durch den Algenwald schwimmt, muss man schon sehr genau hinschauen, um ihn zu erkennen. Täuschend echt ahmen die blattförmigen Hautlappen, die überall an seinem Körper hängen, das Aussehen von Braunalgen nach. Besser kann sich der Verwandte der Seepferdchen nicht vor seinen Feinden verstecken. Aber auch bei der Jagd nach kleinen Krebsen und Garnelen ist ihm seine Tarnung nützlich. Der Fetzenfisch ist jedoch kein flinker Jäger, sondern eher ein langsamer Zeitgenosse. Meist bleibt er einfach an Ort und Stelle zwischen den Algen. Und wenn er sich bewegt, dann nur ganz, ganz langsam. Doch auch das ist Teil der Tarnung. So sieht er nämlich aus wie Algen, die sich in der Meeresströmung wiegen.

Wie ein kleiner Drache sieht der Fetzenfisch aus, wenn er seine blattartigen Auswüchse ausstreckt. Sein Aussehen hat dem Fetzenfisch im Englischen den Namen *Leafy Seadragon*, also „Blättriger Meeresdrache“ eingebracht.

Fetzenfische

Fetzenfische leben in drei bis 50 Metern Tiefe in den warmen Gewässern vor der Südküste Australiens.

Die lustigen Fetzen nutzt der Fetzenfisch nicht zur Fortbewegung. Hierzu dienen unscheinbare Brust- und Rückenflossen. Mit kleinen Flossen am Kopf steuert er und wechselt die Richtung. Wenn sich Fetzenfische bewegen, dann mit einer Geschwindigkeit von weniger als einem Stundenkilometer.

Fetzenfische haben keine Zähne, um Beute zu fangen oder zu zerkleinern. Sie saugen Fischlarven, kleine Krebse und Garnelen einfach durch ihre röhrenförmige Schnauze ein.

Wie bei ihren Verwandten, den Seepferdchen, brüten bei den Fetzenfischen die Männchen die Eier aus. Das Weibchen legt rund 250 Eier am Schwanz des Männchens ab, dort werden sie befruchtet, und nach etwa acht Wochen schlüpft der Nachwuchs. Die kleinen Fetzenfische machen sich schon nach zwei Tagen selbst auf die Jagd nach winzigen Ruderfußkrebsen und Rädertierchen.

Fetzenfisch, wo bist du? Der bis zu 35 Zentimeter lange Meeresbewohner verlässt sich nicht nur auf sein tarnendes Fetzenkleid, sondern passt auch die Farbe seines Körpers von grünlich gelb bis zu bräunlich rot seiner Umgebung perfekt an.

Hokuspokus, durchsichtig!

Fische, die in großen Schwärmen leben, haben es normalerweise schwer, sich vor Fressfeinden zu schützen. Da sie meist in offenen Gewässern ohne Pflanzenbewuchs und damit ohne Deckung leben, können sie sich nicht verstecken oder ihre Feinde durch Tricks wie dem Untergrund angepasste Körperfarbe oder vorgetäuschten Algenbewuchs in die Irre führen. Für einige dieser Fische hat sich die Natur daher etwas Besonderes zur Tarnung ausgedacht: Ihr Körper ist lichtdurchlässig und erscheint in dem schummrigen Licht unter Wasser einfach durchsichtig.

Lichtdurchlässige Körper sind als Tarnstrategie im Tierreich weit verbreitet. Auch die Larven vieler Fische, wie zum Beispiel der Schaukelfische, sind durch einen fast durchsichtigen Körper geschützt.

Ein kleinerer, nur etwa acht Zentimeter langer Verwandter des Indischen Glaswelses wird im Englischen auch „Ghost Catfish", also „Geisterwels" genannt, weil er durchsichtig wie ein Geist ist.

Kaum zu glauben, aber auch in der Tiefsee tarnen sich Fische mit einem lichtdurchlässigen Körper. Sie schützen sich damit vor Fressfeinden, die mit Leuchtorganen auf die Jagd gehen.

Die Eigenschaft von Körpern, lichtdurchlässig zu sein, bezeichnen Wissenschaftler mit dem Begriff „Transluzenz", der zusammengesetzt ist aus den lateinischen Wörtern „trans" für „durch" und „lux" für „Licht".

Der lichtdurchlässige Körper verhindert, dass die Indischen Glaswelse gegen das Licht einen Eigenschatten haben und dadurch ihren Fressfeinden als dunkle Flecken auffallen. Stattdessen nimmt ihr Körper immer die Farbe des Hintergrunds an. Das leuchtende Grün der Algen schimmert einfach durch sie hindurch.

Der Körper der Glaswelse ist bis auf den Kopf, die Knochen und die inneren Organe, die direkt hinter dem Kopf sitzen, durchsichtig.

In dem hellen Blitzlicht der Unterwasserkamera sind die Körper der Indischen Glaswelse gut erkennbar. Doch im normalen Halbdunkel unter Wasser sind die in Südostasien beheimateten Süßwasserfische nahezu unsichtbar.

Der Froschkönig und seine Kleider

Wenn es in Nachbars Gartenteich quakt, handelt es sich meist nicht um einen Laubfrosch, sondern um einen der weit verbreiteten Teich- oder Wasserfrösche. Der nur etwa vier Zentimeter große Laubfrosch ist zwar die bekannteste Froschart in unseren Breiten, aber nur sehr schwer zu Gesicht zu bekommen. Die meiste Zeit des Tages verbringen die leuchtend grünen Froschlurche, im Gegensatz zu ihren Verwandten im Gartenteich, nämlich auf Bäumen oder Sträuchern! Gewässer suchen sie nur nachts während der Jagd oder zur Laichzeit auf. Wie gut, dass sich die niedlichen Hopser farblich so perfekt an das Leben auf Rinde und Blättern anpassen können: Ihre Hautfarbe verwandelt sich je nach Untergrund von leuchtend grün über braun zu mausgrau und sogar bunt gesprenkelt.

Laubfrösche

Ganz selten gibt es sogar leuchtend blaue Laubfrösche. Ihnen fehlt es an gelben Farbstoffen in der Haut, so dass keine grüne Farbmischung entstehen kann.

Wusstest du, dass Frösche nicht trinken? Die Flüssigkeit, die sie brauchen, nehmen sie über die Haut auf.

Die lautesten Quaker in unseren Breiten sind die Laubfrösche. Das liegt daran, dass die Laubfroschmännchen beim Quaken die Schallblase vorn an der Kehle fast auf Körpergröße aufblasen können. Das rhythmische „äpp, äpp, äpp" eines Froschchors kann man in ruhigen Sommernächten bis zu zwei Kilometer weit hören.

Laubfrösche können sich zwar nicht wie der Froschkönig im Märchen in einen wunderschönen Prinzen verwandeln – ihr Aussehen können sie dennoch innerhalb kürzester Zeit verändern. Eine braune Farbe nehmen sie beispielsweise an, wenn sie an einem Baumstamm hinaufklettern. Auch während des Winterschlafs, den die Tiere in Erdhöhlen verbringen, tarnt sich der Laubfrosch mit einer braunen Färbung.

Laubfrösche können als einzige der bei uns heimischen Froschlurche an Ästen und Bäumen hochklettern. Das gelingt ihnen mit Hilfe von Saugnäpfen an den Zehen. Selbst glatte Oberflächen wie Glasscheiben sind für die Kletterkünstler kein Problem.

Dieses Insekt konnte wohl nicht stillhalten! Hat der Laubfrosch seine Bewegungen erst einmal ins Visier genommen, gibt es kein Entkommen. Blitzschnell springt der grüne Hüpfer Richtung Beutetier, lässt die klebrige Zunge hervorschnellen und befördert das chancenlose Beutetier in sein Maul.

Der Laubfrosch, wie ihn jeder kennt: Leuchtend grün schimmert der winzige Hüpfer, wenn er auf einem Blatt oder zwischen Grashalmen sitzt. In der Froschhaut sitzen zahlreiche Drüsen, die eine schleimige Flüssigkeit absondern, damit der Frosch nicht austrocknet. Dieses Sekret lässt ihn so schön glänzend aussehen.

Kopfüber im Rindenkostüm

Flach wie eine Flunder an einen Baumstamm gepresst verbringt der Blattschwanzgecko seine Tage, bevor er mit Einbruch der Dunkelheit auf Jagd nach Insekten geht. Während die bis zu 20 Zentimeter langen Echsen ruhen, machen sie sich nahezu unsichtbar. Ihre Hautfarbe können sie wie viele andere Geckos geschickt dem Untergrund anpassen. Doch die Farbwechsel von Graubraun über Grünbraun bis hin zu Schwarz sind noch längst nicht alles! Die Blattschwanzgeckos haben bei ihrer Tarnung noch ganz andere Tricks auf Lager!

Blattschwanzgeckos

Wie sind die Geckos zu ihrem Namen gekommen? Die Reptilien verdanken ihn dem Ruf einer in Indonesien lebenden Geckoart. Der Tokeh ruft laut und vernehmlich „tokeh" oder „geckoh".

In vielen tropischen Ländern leben Geckos in den Häusern wie bei uns die Stubenfliegen. Sie sitzen an den Wänden und huschen auf der Jagd nach Insekten über die Zimmerdecke.

Der Blattschwanzgecko lebt ausschließlich auf der Insel Madagaskar vor der Ostküste Afrikas im Indischen Ozean. Wenn Tiere oder Pflanzen nur in einer einzigen Region der Erde vorkommen, nennen Wissenschaftler eine solche Verbreitung „endemisch".

Haben Sie es bequem, Herr Blattschwanzgecko? Kopfüber hängt die kleine Echse während des Tages am Baumstamm. Die großen Augen mit der schlitzförmigen Pupille verraten den nächtlichen Jäger: Der Schlitz bündelt die Lichtwellen so ideal, dass der Blattschwanzgecko nachts gestochen scharf sehen kann.

Warum können Geckos an glatten Wänden und sogar Glasscheiben hinaufklettern? Das Geheimnis liegt in ihren Füßen. An den verbreiterten Zehen sitzen hauchfeine Borsten. Zwischen ihnen und der Unterlage entstehen schwache elektrische Kräfte, die sich gegenseitig anziehen und stark genug sind, die leichten Reptilien an der Wand zu halten.

Der Tarnungstrick mit dem Baumrindenkostüm: Der Körper des Blattschwanzgeckos ist übersät mit kleinen krustigen Flecken, die wie Flechten oder Moose aussehen, die an der Baumrinde wachsen. Der flache Schwanz, der wie ein Blatt geformt ist und den Blattschwanzgeckos ihren Namen gegeben hat, sowie kleine Hautlappen liegen flach auf der Rinde und lassen die Körperumrisse der Echse verschwimmen.

Bunt, bunter, Chamäleon

Chamäleons sind die eigenartigsten Echsen der Welt. Mit dem hohen Rücken, dem seitlich abgeplatteten Körper, den hervortretenden Augen und dem langen Schwanz, mit dem sie sich an Ästen festhalten können, sehen die Reptilien richtig urtümlich aus. Die Fähigkeit der Chamäleons, ihre Farbe zu wechseln, ist legendär. Wusstest du aber, dass Chamäleons mit den Farbwechseln in erster Linie ihre Stimmung ausdrücken? Vor allem zur Tarnung dient die Verwandlungskunst nur bei einigen Arten wie den Zwergchamäleons der Gattung *Bradypodion*.

Wie funktioniert der Farbwechsel? In der Haut der Chamäleons sitzen Farbzellen in mehreren Schichten übereinander. In der obersten Schicht befinden sich Zellen für gelb und rot, in der zweiten Schicht Zellen für braune und schwarze Töne, und in der letzten Schicht Zellen, die das Sonnenlicht reflektieren und blau aussehen. Je nachdem, welche Zellschichten gerade aktiv sind, mischt sich die Körperfarbe zusammen.

Chamäleons

Chamäleons können ihre Augen unabhängig voneinander bewegen. Das hat unschätzbare Vorteile bei der Jagd. Ohne den Kopf zu drehen, kann das Chamäleon mit den Augen eine Fliege oder einen Käfer verfolgen, bis sich das Opfer genau an der richtigen Stelle befindet und ihn die lange Zunge nicht verfehlt.

Wusstest du, dass Chamäleons ihre Farbwechsel nicht bewusst steuern können? Nervenreize sind dafür verantwortlich, dass sich ein Chamäleon eben noch schillernd grün und in der nächsten Sekunde vielleicht rot-schwarz gefleckt zeigt.

Die Zunge des Chamäleons ist länger als der ganze Körper samt Schwanz. An der klebrigen Spitze bleibt das Beutetier hängen und wird am Stück verschluckt.

„Ich möchte mich mit dir paaren" – „Nein, danke!" So könnte das „Farbengespräch" dieser beiden Teppichchamäleons vielleicht in unsere Sprache übersetzt werden. Die meisten Chamäleons wechseln ihre Farben, um sich mit ihren Artgenossen zu unterhalten. Auch wenn ihnen Gefahr droht, sie sich fürchten oder sie hungrig sind, zeigen sie das durch Farben an.

Im Vergleich zu seinen Verwandten, die sich gern in leuchtend bunten Farben zeigen, liebt das Lappenchamäleon eher die gedeckten Töne. Dafür ist es aber auch perfekt getarnt. Die grünlich gefleckte Haut mit den hellen Sprenkeln sieht aus wie Sonnenlichtpünktchen im Blätterwerk. Bei Stress, Ärger oder Angst zeigt es ein auffälliges schwarzes Punktmuster sowie einen Strich von der Schulter bis zur Körpermitte.

Echse im stacheligen Outfit

Fressfeinde überlegen es sich zweimal, ob sie beim Wüstenteufel herzhaft zubeißen sollen. Denn mit den spitzen Dornen, die der Wüstenteufel an Körper, Beinen und dem Schwanz trägt, sowie den je zwei spitzen Auswüchsen über den Augen und im Nacken möchte kein Tier unbedingt Bekanntschaft machen. Die etwa 20 Zentimeter langen Wüsten- oder Dornteufel gehören zu der Reptilienfamilie der Agamen und leben in den heißen und trockenen Wüsten- und Steppengebieten Australiens. Obwohl sie so furchterregend aussehen, sind die kleinen Echsen völlig harmlose Ameisenfresser. Ein Grund mehr für sie, bei der Tarnung auf Nummer sicher zu gehen.

Gefährlich wirkt der Wüstenteufel mit seinem Stachelkleid. Dabei ernährt sich die harmlose Echse ausschließlich von Ameisen und Termiten. An die 2000 Krabbeltiere vertilgt das Reptil pro Mahlzeit.

Wüstenteufel

Wer so ein abschreckendes Äußeres hat, findet sicher keine Freunde. Weit gefehlt! Tatsächlich ist der Wüstenteufel nämlich ein sehr geselliges Tier. Der nächtliche Ameisenjäger trifft sich während des Tages gern mit seinen Artgenossen zum wohligen Sonnenbaden.

Warum hat der Wüstenteufel so hohe Beine? Damit er sich auf dem glühend heißen Wüstenboden nicht seinen Bauch verbrennt.

Warum streckt der Wüstenteufel manchmal die Beine in die Höhe? Ist ihm der Boden unter den Füßen etwa zu heiß geworden? Nein, er befindet sich in einer Schreckstarre. Wenn Gefahr droht, erstarrt der Wüstenteufel augenblicklich in seiner Bewegung – auch wenn er gerade die Beine zum Laufen angehoben hat.

Trinken muss der Wüstenteufel nicht. Ihm genügen die seltenen Regentropfen oder die Tautropfen, die sich während der Nacht auf seinem Körper sammeln und durch winzige Furchen zu seinem Maul geleitet werden.

Bis an die Zehen bewaffnet, präsentiert sich der Wüstenteufel der Kamera. Der gepanzerte Ameisenfresser verlässt sich jedoch nicht nur auf sein Stachelkleid, um Fressfeinde abzuschrecken. Mit seiner beige-bräunlichen Tarnfarbe fällt er auf dem Wüstenboden kaum auf. Sein stacheliges Äußeres erinnert beim flüchtigen Hinsehen auch eher an ein trockenes Blatt oder Teile eines Dornenstrauchs. So täuscht er hungrigen Jägern vor, völlig ungenießbar zu sein.

Scheue Prärierassler

Es gibt kaum einen Wild-West-Film ohne das aufgeregte Rasseln der Klapperschlangen, wenn Cowboys oder Indianer durch die Prärie reiten. Die die bis zu zweieinhalb Meter langen Klapperschlangen sind in Amerika heimisch und gehören zu den giftigsten Schlangen der Erde. Ihr Gift setzen sie nicht nur beim Beutefang ein, sondern auch wirkungsvoll zur Verteidigung. Wenn sie sich bedroht fühlen, bringen sie zunächst die Rassel am Schwanzende zum Vibrieren. Wenn sich der Angreifer dadurch nicht vertreiben lässt, schnellen sie blitzartig mit dem Kopf nach vorn und beißen zu. Obwohl Klapperschlangenbisse für Tiere und Menschen häufig tödlich enden, verlassen sich die Schlangen eher auf ihre Tarnung als auf ihre gefährlichen Giftzähne.

Klapperschlangen

„Achtung, letzte Warnung! Komm mir nicht zu nah!", will die Klapperschlange mit dieser Angriffshaltung sagen. Bereit zum Zustoßen und mit rasselndem Schwanz verleiht sie ihrer Aufforderung Nachdruck. Wer nicht folgt, macht Bekanntschaft mit ihren Giftzähnen.

Auch ihren Opfern lauern die leisen Jäger gut versteckt auf. Nähert sich eine Ratte, ein Kaninchen oder ein Präriehund, schießt die Klapperschlange blitzschnell nach vorn und beißt mit ihren Giftzähnen zu. Die getötete Beute wird im Ganzen verschlungen.

Klapperschlangen bringen lebende Junge zur Welt. Anstatt von einer festen Eischale sind sie nur von einer dünnen Eihülle umgeben, die kurz nach der Geburt abgestreift wird.

Jede der 29 in Amerika lebenden Klapperschlangenarten hat ihren eigenen Giftcocktail. Manche Gifte zerstören die Wände der Blutgefäße und hindern gleichzeitig die Blutgerinnung, so dass das Opfer innere Blutungen erleidet. Bei anderen wiederum kommt es zu Lähmungen oder Erstickungen.

Die Rassel am Schwanzende besteht aus mehreren Ringen von Hornschuppen. Immer wenn eine Schlange wächst, häutet sie sich. Klapperschlangen werfen jedoch die Hornschuppen am Schwanzende nicht ab. Aus diesen alten Hautresten besteht die Rassel.

Gut versteckt verbringen Klapperschlangen den Tag meist im Gebüsch oder in Höhlen und Spalten unter Steinen. Ihre gelbliche, braune, rote oder schwarze Hautfärbung mit dem rautenförmigen Muster verhilft ihnen auf dem trockenen Wüsten- oder Steppenboden zu einer perfekten Tarnung.

Leuchtend grün und dennoch unsichtbar

Grüne Buschschlangen

Wer eine Grüne Buschschlange, eine Grüne Strauchnatter oder eine Grüne Mamba zum ersten Mal sieht, könnte denken, dass diese Schlangen um jeden Preis auffallen wollen. Das leuchtend hellgrüne Schuppenkleid fällt jedem Betrachter sofort ins Auge. Kaum zu glauben, dass diese auffällige Farbe den Schlangen eigentlich zur Tarnung dient. Die Tiere leben nämlich vornehmlich auf Bäumen im Regenwald in den tropischen Gebieten Afrikas und Asiens. Und welche Farbe fällt am wenigsten auf in einem immergrünen Blätterdickicht? Grün natürlich!

Die harmlose Verwandte: Die in Afrika beheimatete Gefleckte Buschschlange wird nur etwa 1,20 Meter lang. In dem dichten Blätterwerk tropischer Wälder geht die ungiftige Natter perfekt getarnt auf die Jagd nach Eidechsen oder Baumfröschen.

Die großen Augen mit den runden Pupillen der Mambas und auch ihrer beiden harmlosen Verwandten aus der Natternfamilie verraten, dass die Jäger bei Tag aktiv sind. Vorwiegend nacht- oder dämmerungsaktive Schlangen wie die Klapperschlangen haben nur kleine Pupillenschlitze.

Die Grüne Mamba wird aufgrund ihres sehr gefährlichen Giftes und ihrer großen Angriffslust von den Menschen gefürchtet. Die tagaktive Giftnatter geht am liebsten auf Büschen und Bäumen auf Jagd, ist aber auch am Boden oft anzutreffen.

Hast du schon einmal eine Schlange beim Züngeln beobachtet? Sie macht es, um ihre Umgebung zu „schmecken". Wenn die Kriechtiere ihre Zunge herausstrecken, bleiben kleinste Geruchsteilchen daran hängen. Im Maul presst die Schlange die Zunge mit den Geruchsstoffen in Einbuchtungen am Gaumen, das sogenannte Jacobsonsche Organ, wo Sinneszellen die Duftstoffe wahrnehmen.

Die bis zu vier Meter langen Mambas gelten als die schnellsten Schlangen der Erde. Auf dem Boden können sie bis zu 24 Stundenkilometer schnell kriechen. Um der giftigen Mamba zu entkommen, müsstest du sprinten wie ein Hundertmeterläufer.

Vögel, Echsen, Frösche und kleine Säugetiere sind die Leckerbissen, nach denen die Grüne Mamba auf Bäumen Ausschau hält. Lautlos gleitet sie von Ast zu Ast, um sich ihren Opfern zu nähern. Ihren leuchtend grünen Körper mit den großen Schuppen bemerken die Beutetiere in den immergrünen Bäumen des Regenwaldes meist zu spät.

Wie ein Pfahl im Schilf

Die Rohrdommel ist eine Meisterin im Unsichtbarmachen! Der bis zu 80 Zentimeter große Reihervogel mit dem gedrungenen Körper und dem kurzen Hals lebt am Rand von Sümpfen und Mooren, Teichen und Seen in hohem Schilf. Wenn die Rohrdommel sich bedroht fühlt, streckt sie Hals, Kopf und Schnabel nach oben und erstarrt. Das gelblich-braun gestreifte Gefieder mit den hellen und dunklen Flecken, die wie Lichtreflexe aussehen, verschmilzt auf diese Weise mit dem Röhricht und die Umrisse des Vogels lösen sich in den Schilfhalmen vollständig auf. Eine perfekte Tarnung, die die Rohrdommel und ihre Brut vor Fressfeinden schützt.

Wegen der tiefen, dumpfen Balzrufe des Männchens wird die Rohrdommel im Volksmund auch Moorochse, Wasserochse oder Kuhreiher genannt.

Rohrdommeln kannst du öfter hören als sehen. Männchen, die auf der Suche nach paarungsbereiten Weibchen sind, lassen ihre Rufe von Februar bis Juni erklingen. Der Balzruf ist bis zu fünf Kilometer weit zu hören und klingt, als würde man über die Öffnung einer leeren Weinflasche pusten.

Ihre Nester bauen die Rohrdommeln im Röhricht. Die Jungen sind mit ihrem braunen Flauschfedern gut getarnt. Schon eine Woche nach dem Schlüpfen nehmen sie instinktiv die Pfahlstellung ein, wenn ihnen Gefahr droht.

Rohrdommeln leben am Wasser und brauchen ausgedehnte Schilfflächen, um sich verstecken zu können. An einem Teich mit dichtem Schilfbewuchs oder in Mooren und Sümpfen fühlen sich die Reihervögel besonders wohl.

Erkennst du die Rohrdommel im Schilf? Mit ihrem gelblich-braun gestreiften Gefieder ist sie in den trockenen Halmen bestens getarnt. Um sich noch besser zu verstecken, wendet sie einen einfachen Trick an: Sie wiegt ihren Körper leicht hin und her, so wie sich die Schilfhalme im Wind bewegen.

Unsichtbar im Borkenlook

Kennst du den Ruf des Waldkauzes? „Hu huhuhu huuuh“, schallt es in der Nähe von Wäldern, Parks oder Gärten mit altem Baumbestand häufig durch die Nacht. Nächtliche Szenen in Gruselfilmen werden oft mit diesem Kauzruf untermalt, um die Spannung zu steigern. Zu sehen bekommt man den Waldkauz dagegen nur sehr selten. Der etwa 40 Zentimeter große Raubvogel wird nämlich erst in der Dämmerung aktiv und geht nachts auf die Jagd nach Mäusen und Vögeln. Auch tagsüber müsstest du dich sehr anstrengen, um den Eulenvogel zu entdecken, denn er sitzt mit seinem wie eine Baumrinde gefärbten Gefieder gut versteckt in Bäumen und döst mit halb geschlossenen Augen vor sich hin.

Waldkäuze

Waldkäuze sind wie ihre Verwandten aus der Eulenfamilie lautlose Jäger. Auf der Suche nach Mäusen gleiten sie mit ihren großen Flügeln oft leise durch die Lüfte, um sich beim kleinsten verräterischen Rascheln oder Fiepen auf ihre Beute zu stürzen.

Mäuse und kleine Vögel verschlingt der Waldkauz am Stück. Nachdem die Beute verdaut ist, würgt er unverdauliche Knochen, Federn oder Fell, das sogenannte Gewölle, wieder heraus.

Wie seine Eulenverwandten ist auch der Waldkauz mit einem Gesichtsschleier ausgestattet. Diese besonders geformten Federn, die das Gesicht umrahmen, dienen ihm jedoch nicht als modischer Schmuck, sondern fangen Schallwellen zusätzlich auf, leiten sie zu den Ohren und verstärken sie dadurch.

Seine tiefschwarzen Augen kann der Waldkauz nicht bewegen. Wenn er in eine andere Richtung schauen will, muss er den ganzen Kopf drehen. Das jedoch beherrscht er meisterhaft: Eine Dreiviertelkopfdrehung (270 Grad) vollführt der Vogel mit Leichtigkeit. Wir Menschen schaffen gerade mal eine Vierteldrehung.

Waldkäuze lieben große, alte Bäume, auf denen sie tagsüber ruhen. Wenn sie ihre Beute nicht im Gleitflug entdecken, sitzen sie häufig auf Ästen und warten, bis sie vermeintliche Opfer mit ihren exzellenten Ohren und scharfen Augen auf dem Boden ausmachen können, um sich dann auf sie zu stürzen.

Baum oder Kauz? Du brauchst sehr scharfe Augen, um den Waldkauz am Tag auf einem Baum zu entdecken. Die braunen und weißen Längsstreifen im Gefieder verschmelzen völlig mit der Baumrinde. Weiße Flecken auf den Flügeln ahmen Sonnenflecken im lichten Blätterwald nach und machen die Tarnung perfekt.

Könnt ihr uns sehen? Auch das Gefieder der jungen Waldkäuze hat schon die typische Borkenfärbung. So sind sie sicher, wenn sie auf einem alten Baumstamm sitzen und warten, bis ihre Mutter von der Jagd zurückkehrt.

Karneval im Regenwald

Papageien

In der Natur gibt es kaum buntere Vögel als die Papageien. Kaum zu glauben, dass sie ihr farbenfrohes Federkleid nicht tragen, um aufzufallen, sondern um sich zu verstecken! Grüne Aras sind im dichten Blätterwerk des südamerikanischen Regenwaldes kaum zu entdecken. Schillernd bunte Loris sehen aus wie ein bunt blühender Strauch und auch der brasilianische Hyazinth-Ara, der mit bis zu einem Meter Länge größte Papagei, macht sich mit seinem dunkelblauen Gefieder im schattigen Regenwald unsichtbar.

Papageien können ein stattliches Alter erreichen. Am ältesten werden die Kakadus. In menschlicher Obhut können sie bis zu 75 Jahre alt werden.

Papageien sind „dreibeinige" Kletterer. Sie benutzen nicht nur ihre Krallen, bei denen zwei Zehen nach vorn und zwei Zehen nach hinten stehen, um geschickt im Geäst oder an steilen Felswänden herum zu klettern, sondern auch ihren Schnabel.

Graupapageien können hervorragend Stimmen nachahmen. Sie plappern den ganzen Tag nach, was sie von ihren Besitzern, im Radio oder im Fernsehen hören.

Papageien sind gesellige Vögel. Häufig sind sie in Schwärmen mit manchmal bis zu 1000 Vögeln unterwegs.

Mit ihren mächtigen, nach unten gebogenen Schnäbeln können Aras sogar die harten Schalen von Paranüssen knacken, für die wir eine kräftige Zange brauchen!

Wusstest du, dass es bei Papageien Links- und Rechtsfüßer gibt? Mit ihrem Lieblingsfuß halten sie beim Fressen auch Nüsse oder Früchte fest. Es sei denn, die schmackhaften Speisen wachsen dem Vogel direkt vor dem Schnabel.

Zwischen den langen Palmenblättern ist dieser Papagei mit seinem grünen Federkleid kaum zu erkennen. Andere Papageienarten sind in der Wahl ihres Gefieders nicht so zurückhaltend. Sie schmücken sich mit leuchtend roten, grünen, gelben und blauen Federn.

Langohr mit weißer Weste

Der Schneehase liebt die Kälte! In den Höhenlagen der Alpen, im kalten Skandinavien, in Sibirien sowie in Nordamerika und sogar im eisigen Grönland fühlt er sich so richtig wohl. Er ist so vernarrt in das Leben in der Kälte, wo im Winter richtig viel Schnee fällt, dass er sich in der kalten Jahreszeit ein weißes Fellkleid zulegt. Denn mit einem normalen graubraunen Hasenfell würden ihn seine Feinde wie Schnee-Eule, Luchs oder Polarfuchs im glitzernd weißen Schnee viel zu leicht entdecken. Mit seinem weißen Fell ist Meister Langohr jedoch perfekt getarnt, wenn er sich bei Gefahr in eine Mulde im Schnee kauert. Im Frühjahr, wenn der Schnee schmilzt, färbt sich der Schneehase wieder graubraun. Clever, oder?

Schneehasen

Je kälter das Klima ist, in dem der Schneehase lebt, desto kürzer sind seine Ohren! Über die Ohren gibt der Schneehase nämlich Wärme an die Umgebung ab und reguliert dadurch seine Körpertemperatur. Je größer die Lauscher, desto mehr Wärme verliert er!

Auch andere Tiere tarnen sich in Gebieten mit schneereichen Wintern mit einem weißen Fell, zum Beispiel der Polarfuchs oder der Hermelin. Das Schneehuhn oder die Schnee-Eule bekommen ein weißes Gefieder.

Wie gut sich die Schneehasen an ihre Umgebung anpassen, zeigen die Tiere, die in Schottland und Irland leben. Da es dort sehr selten schneit, färben sich die Hasen im Winter nicht weiß. Umgekehrt tragen die Schneehasen im ewigen Eis der Arktis immer ihr weißes Fellkleid.

Schneehasen sind wie ihre Verwandten, die bei uns heimischen Feldhasen, in der Dämmerung und nachts aktiv. Während des Tages kauern sie in Erd- oder Schneemulden.

Achtung, Angreifer von hinten! Nichts wie weg, denkt sich der Feldhase. Das graubraune Fell, das dem Feldhasen in Wäldern, Mooren und in der Tundra eine gute Tarnung bietet, nützt ihm auf schneebedeckten Feldern leider gar nichts!

Nur die schwarzen Ohrenspitzen verraten den Schneehasen im Winter. Das übrige Fell hebt sich von der schneebedeckten Landschaft kaum ab.

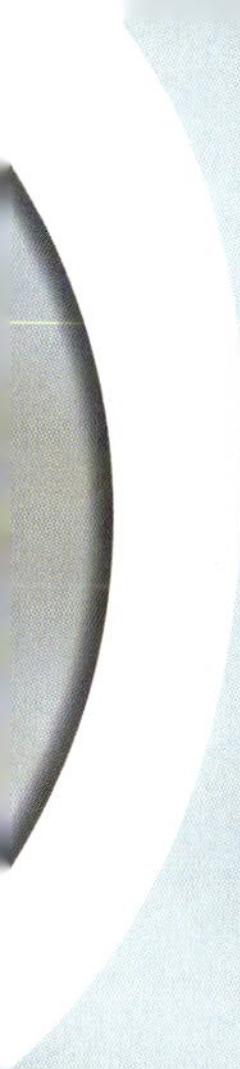

Sein weißes Fell ist für den Schneehasen lebenswichtig, denn er hat keinen Bau, in den er sich bei Gefahr in Sicherheit bringen kann. Stattdessen drückt er sich flach auf den Boden und macht sich somit so unsichtbar wie möglich.

Weiß im ewigen Eis

Unbeschreiblich süß sehen die kuschelig weißen Babys der Sattelrobben aus. Das weiße Fell ist jedoch nicht nur ein wunderschöner Schmuck, sondern die ideale Tarnung. Sattelrobbenjunge haben nämlich weder eine Höhle noch ein Nest, in dem sie sich verbergen können. Sie liegen ungeschützt auf dem Eis, wenn ihre Mutter im Nordpolarmeer auf die Jagd nach Fischen geht. Durch die weiße Fellfarbe verschmelzen die Jungtiere jedoch mit ihrer Umgebung und sind für ihre ärgsten Feinde, die Eisbären, nur schwer auszumachen. Auch die Eisbären nutzen übrigens den Trick mit dem weißen Fell. Sie tarnen sich jedoch damit, um sich besser an ihre Beute heranschleichen zu können!

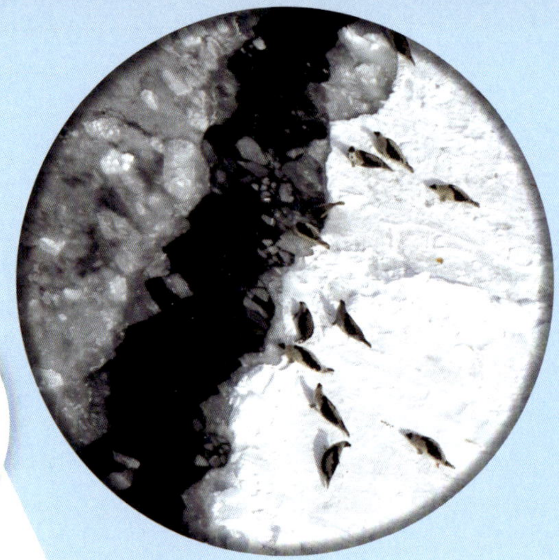

Sattelrobben

Sattelrobben haben ihren Namen von dem hufeisenförmigen schwarzen Fleck, den die erwachsenen Tiere auf dem Rücken tragen und der wie ein Sattel aussieht.

Robben können nicht von Geburt an schwimmen. Nachdem sie ihre ersten Lebenswochen auf dem Eis verbracht haben, müssen sie das Schwimmen, Tauchen und Jagen erst lernen.

Bevor sich die Jungen nach einigen Wochen auf dem Eis ins Wasser begeben, wechseln sie den Babyflaum gegen das grauschwarze Fell mit der hellen Unterseite.

Sattelrobben jagen im Meer nach Fischen und Krebsen. Dabei tauchen die Säugetiere manchmal mehrere Hundert Meter tief ins Meer und bleiben bis zu einer halben Stunde unter Wasser.

Ein Küsschen für Mama! Die Sattelrobbenweibchen säugen ihre Jungen nur zehn bis zwölf Tage. Die Milch ist so fett, dass die Jungen pro Tag etwa zwei Kilogramm zunehmen.

Sattelrobben leben in arktischen Gewässern in der Nähe des Packeises und verbringen den größten Teil ihres Lebens im Wasser. Nur im Frühjahr kommen sie an Land, um ihre Jungen zur Welt zu bringen.

Drei schwarze Punkte sind alles, was man von dem Sattelrobbenjungen sieht. Aus der Ferne sind die weißen Fellkugeln auf dem Schnee kaum auszumachen. Auf dem Eis zu liegen macht den Sattelrobben übrigens nichts aus! Ein dichtes Fell und eine dicke Fettschicht schützen sie vor der Kälte.

Lautlose Jäger

Nicht das leiseste Rascheln oder Knacken ist zu hören, wenn der Leopard auf Beutejagd geht. In geduckter Haltung schleicht sich der lautlose Jäger mit geschmeidigen Bewegungen im Schutz des hohen Grases der afrikanischen Steppe bis auf wenige Meter unbemerkt an seine Beute heran – meist sind es Antilopen, Zebras oder Warzenschweine. Minutenlang bleibt er dann reglos liegen und beobachtet sein Opfer, das von dem bevorstehenden Angriff nichts ahnt. In einem günstigen Moment springt er plötzlich mit einem mächtigen Satz hervor und tötet das Beutetier mit einem Biss in die Kehle.

Leoparden sind außerordentlich kräftige Tiere. Mühelos zerren sie eine Antilope, die schwerer ist als sie selbst, mehrere Meter hoch in die Astgabel eines Baumes und bringen sie dort in Sicherheit vor gierigen Futterneidern.

Der südamerikanische Jaguar ist mit dem in Afrika und Asien beheimateten Leoparden verwandt. Die beiden unterscheiden sich äußerlich nur durch den kleinen dunklen Punkt, den die Flecken des Jaguars im Inneren aufweisen.

Leoparden haben im Sprinten keine so gute Ausdauer wie die pfeilschnellen Geparden. Das müssen sie auch gar nicht. Haben sie sich erst einmal gut getarnt nahe genug an ihr Opfer herangeschlichen, springen sie aus dem Stand über zehn Meter weit auf ihre ahnungslose Beute zu.

Schwarze Panther sind auch Leoparden. Bei ihnen sorgt ein bestimmtes Gen dafür, dass das Fell schwarz gefärbt ist. Auch Leopardeneltern mit gewöhnlicher Zeichnung können solche Schwärzlinge unter ihrem Nachwuchs haben. Schwarze Panther kommen häufig in Malaysia und im Hochgebirge Äthiopiens vor.

Die in den Tropen Afrikas und im südlichen Asien beheimatete Großkatze lauert ihrer Beute auch häufig von Bäumen aus auf. Sie springt entweder von einem Ast auf das Opfer herab oder klettert geschickt im Schutz des Baumstamms herunter, um auf einen günstigen Augenblick zum Zupacken zu warten.

Sein leuchtend goldenes Fell mit den schwarzen Tupfen macht den Leoparden im trockenen Gras der dürren Savannen- und Steppenlandschaften für seine Opfer beinahe unsichtbar.

Leoparden gehören mit ihrem biegsamen Körper, den eleganten Bewegungen und der außergewöhnlichen Fellzeichnung zu den schönsten Großkatzen.

Leben im heißen Wüstensand

Wenn es dämmert in der Wüste Sahara und die Temperaturen etwas kühler werden, schleicht sich der Wüstenfuchs aus seinem unterirdischen Bau und geht auf die Jagd. Mäuse, Eidechsen, Heuschrecken und Insekten gehören zu seinen Lieblingsspeisen. Mit seinen riesigen Ohren ortet der Fennek, wie der Wüstenfuchs auch genannt wird, punktgenau jedes kleinste Geräusch. Sein sandfarbenes Fell bietet dem kaninchengroßen Jäger im gelben Wüstensand eine gute Tarnung – schützt ihn aber auch vor seinem eigenen Hauptfeind, dem Wüstenluchs. Wenn ihm Gefahr droht, kann sich der Wüstenfuchs in sekundenschnelle im lockeren Wüstensand eingraben. Unsichtbar für jeden Angreifer!

Wüstenfüchse

In einem der trockensten und heißesten Gebiete der Erde ist der Wüstenfuchs beheimatet. Bis zu 60 Grad Celsius am Tag und manchmal Jahre ohne einen einzigen Tropfen Regen machen die nordafrikanische Sahara zu einem unwirtlichen Lebensraum.

Wüstenfuchs, warum hast du so große Ohren? Damit mir nicht so warm wird! Mit den bis zu zehn Zentimeter langen Ohren, die so lang wie der ganze Kopf sind, schützt sich der Fennek auch vor Überhitzung. Die Ohren strahlen überschüssige Wärme ab, denn Fenneks können nicht schwitzen.

Wüstenfüchse brauchen nicht zu trinken. Das Wasser, das ihre Beutetiere zum Beispiel im Blut enthalten, reicht ihnen zum Überleben.

Wüstenfüchse hecheln auch nicht bei großer Hitze, so wie es ihre Verwandten, die Hunde, tun. Beim Hecheln würden sie nämlich viel zu viel Flüssigkeit verlieren. Und die ist in der Wüste Mangelware!

Dicke Fellpolster unter den Pfoten schützen den Wüstenfuchs vor dem brennend heißen Wüstensand. Sie helfen ihm aber auch, einen guten Halt in dem lockeren Untergrund zu finden.

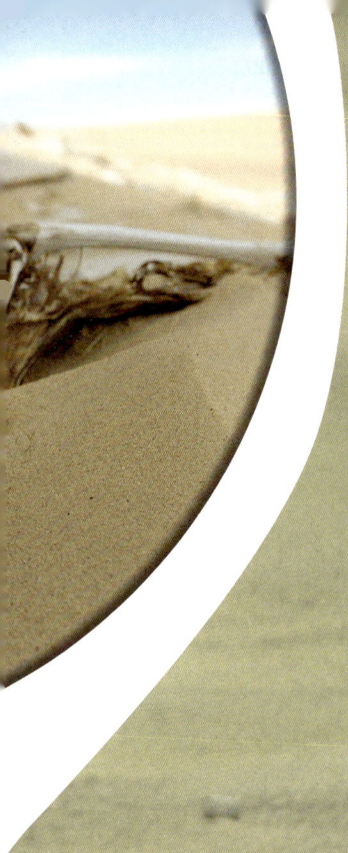

Sandfarbiger Wüstenfuchs auf sandfarbigem Grund: Die helle Fellfarbe des Wüstenfuchses bietet in der Wüste nicht nur eine super Tarnung, sondern schützt auch vor großer Hitze.

Eine Wüstenfüchsin mit einem flauschigen Welpen. Das Fell der Wüstenfüchse ist weich und ganz dick. Wieso? Ein dickes Fell hält nicht nur Kälte, sondern auch Hitze fern und schützt den Fennek dadurch vor Überhitzung.

In Zeitlupe durchs Geäst

Es gibt kaum trägere Tiere als die Faultiere. Die putzigen Verwandten der Ameisenbären, die ihr ganzes Leben in den Bäumen des tropischen Regenwaldes Mittel- und Südamerikas verbringen, bewegen sich mit einer Geschwindigkeit von zwei Metern pro Minute vorwärts – wenn sie sich überhaupt bewegen. Mehr als die Hälfte des Tages verschlafen sie nämlich mit dem Rücken nach unten an Ästen hängend. Doch der Müßiggang der Tiere ist ein Trick der Natur: Räuberische Fressfeinde wie Greifvögel, Jaguare oder Riesenschlangen werden auf ihre Beute aufmerksam, wenn sie sich bewegt. Die unendlich langsamen Bewegungen der Faultiere nehmen sie gar nicht wahr. Glück gehabt!

Faultiere

Warum sich bewegen, wenn einem die Blätter direkt in den Mund wachsen, denkt sich das Faultier. Viel schöner ist es doch, gemütlich am Ast zu baumeln und zu dösen. Die gemächliche Lebensweise ist jedoch eine Überlebenstaktik: Nur indem sie so wenig wie möglich Energie verbrauchen, können die Faultiere die nährstoffarmen Blätter, die sie in den Baumkronen finden, verwerten.

Einmal pro Woche verlassen die Faultiere ihre Wohnstätte im Geäst, um am Boden auf die Toilette zu gehen. Um ihren Aufenthaltsort nicht zu verraten, vergraben sie ihr Geschäft gewissenhaft in einem kleinen Loch in der Erde. Das kann schon einmal eine halbe Stunde dauern!

Faultiere erkennt man an der Anzahl ihrer Zehen und Finger. Alle Faultiere haben anstatt der für Säugetiere üblichen fünf Zehen an den Hinterfüßen nur drei Zehen. An den vorderen Gliedmaßen haben die Zweizehenfaultiere zwei, die Dreizehenfaultiere drei Finger.

Die bis zu sieben Zentimeter langen Sichelkrallen dienen nicht nur zum Klettern oder um sich an die Äste zu hängen. Falls ein Faultier doch einmal angegriffen wird, kann es seinem Feind mit den scharfen Werkzeugen tiefe Wunden zufügen.

Kaum zu glauben, aber Faultiere sind gute Schwimmer!

Faultiere sind die Energiesparer der Natur: Ihre Körpertemperatur ist viel niedriger als die anderer Säugetiere, beim Schlafen kann sie gar um bis zu zehn Grad Celsius abfallen. Auch ihr Stoffwechsel funktioniert nur halb so schnell und durch die langen Schlafzeiten und die langsamen Bewegungen ist ihr Körper fast immer in Ruhestellung.

Faultiere sind so träge, dass sich in ihrem zotteligen Fell Algen einnisten. Ihr ansonsten braunes Haarkleid sieht dann richtig grün aus. Das garantiert ihnen zwischen den dichten Blättern und Ästen des tropischen Regenwaldes eine nahezu hundertprozentig sichere Tarnung!

Nahezu das ganze Leben der Faultiere spielt sich auf Bäumen ab. Mit ihren langen Krallen verhaken sie sich an einem Ast oder Baumstamm und essen, schlafen und paaren sich in dieser Haltung.

Gut geschützt durch weiße Punkte

Aus menschlicher Sicht sind Rehmütter Rabenmütter. Wenn sie im Mai oder Juni ihre Kitze zur Welt bringen, lassen sie sie einfach im hohen Gras oder im Schutz des Gebüschs an Waldrändern liegen und kommen nur zurück, um die Kleinen zu säugen. Was auf den ersten Blick grausam erscheint, ist jedoch eine Überlebensstrategie: Das rotbraune Fell mit den weißen Punkten macht die Jungen im Gras oder Gebüsch für Füchse oder Luchse nahezu unsichtbar. Und noch einen anderen Trick hat sich die Natur für die Rehe ausgedacht: Rehkitze haben keinen Geruch und können von ihren Feinden also auch nicht erschnüffelt werden. Hielte sich die Mutter in der Nähe der Kleinen auf, würde sie die Aufmerksamkeit der Feinde sofort auf sich und das wehrlose Jungtier lenken.

Rehe

Ein Rehbock und ein Reh mit dem kräftig rotbraunen Sommerfell äsen an einem Berghang. Am liebsten fressen Rehe saftige Blätter, junge Zweige oder Baumschösslinge.

Da Rehe keine Ausdauer haben, um vor Feinden zu fliehen, brauchen sie hohes Gras oder Gestrüpp, in dem sie lautlos Deckung finden können, wenn Gefahr im Verzug ist. Ihre braune Fellfarbe bietet ihnen dafür eine sichere Tarnung.

Nach der Geburt leckt die Ricke ihr Junges so lange, bis es keinen eigenen Geruch mehr hat. Im täglichen Kampf ums Überleben ist das eine grundlegende Körperpflege!

Nicht verwechseln! Rehe gehören zwar zur Familie der Hirsche. Echte Hirsche wie der Rothirsch oder der Damhirsch sind jedoch viel größer als Rehe. Weibliche Hirsche heißen auch nicht Reh, sondern Hirschkuh, und die Hirschjungen werden Kalb genannt. Das männliche Reh wiederum heißt Rehbock, die weiblichen Rehe heißen Ricke oder Geiß.

Wenn du ein Rehkitz am Waldrand im Gestrüpp oder auf dem Feld findest, darfst du es auf keinen Fall anfassen. Das Jungtier würde dann nach Mensch riechen und die Ricke würde es nicht mehr annehmen.

Fellpunkte oder Lichtreflexe? Die weißen Punkte im braunen Fell sehen aus wie Sonnenflecken und tarnen das Rehkitz auf den trockenen Blättern perfekt. Nach der Geburt verbringt das Rehkitz drei Monate zusammengekauert im hohen Gras oder in schützendem Gebüsch. Wenn sich eine Gefahr nähert, flieht das Tier nicht, sondern drückt sich ganz flach auf den Boden.

Register

Abbildungsnachweis

action press, Hamburg: 11o./NEWSPIX; **alamy, Abington:** 12u./Weinzierl, 22u./Kujawa, 23/Graham, 25/Graphic Science, 33/Brandon Cole Marine Photography, 38/WaterFrame; **animal.press, München:** 73u.; **blickwinkel:** 29/Hecker/Sauer, 68u./McPHOTO; **Corbis GmbH, Düsseldorf:** 32u./Wu/Science Faction, 35/Visuals Unlimited/Corsi, 37o./Frink, 39/Photolibrary/Turner, 54o./Allofs, 61/Parkinson, 68o./All Canada Photos/Hicker; **dpa Picture-Alliance, Frankfurt:** 14/Okapia/Jäkel, 31/Dirscherl, 40/dieKLEINERT.de/Schiebel, 43/WaterFrame/Banfi, 50u./NHPA/photoshot/Garbutt, 53/Arco Images GmbH/image2010, 58r./NHPA/photoshot/Bannister, 59/NHPA/photoshot/Heuclin, 71/DUMONT Bildarchiv/Kirchgessner, 75u./Arco Images GmbH/Reinhard; **Fotolia.com:** 7o.l./Laporta, 16u./Swadzba, 18u./Vibe Images/Design Pics, 34/landi, 50o./Beitz, 53o./Isselée; **Getty Images, München/IFA-Bilderteam:** 76r./Danegger; **Imago Sportfotodienst, Berlin:** 75/Photoshot/Evolve; **Interfoto, München:** 18o./Pölking, 22o./Imagebroker/Skonieczny, 62u./Pölking; **istockphoto.com:** 8/Isselée, 36u./DurdenImages; **laif, Köln:** 51/Jouan et Rius/Jacana; **Mauritius, Mittenwald:** 6/Minden Pictures/Marent, 7u.l./Visions of tomorrow, Inc./Science Faction, 9/Minden Pictures/Marent, 10/imagebroker/Dennis, 15u./Minden Pictures/FLPA/Withers, 15/Minden Pictures/Arndt, 17/Minden Pictures/Imamori, 19/Minden Pictures/Dalton, 20/Minden Pictures/Naskrecki, 21/Oxford Scientific, 24u./Westend61, 24o./Imagebroker/FLPA/Szulecka, 26/Dirscherl, 27/Alamy/Dirscherl, 28o./Minden Pictures/Arndt, 30/Fleetham/Pacific Stock, 32o./Alamy/Rotman, 37/Pacific Stock/Fleetham, 41/Reavill, 42o./Dirscherl, 42u./bluegreen Pictures/Shale, 45/Oxford Scientific/Fleetham, 46o./Minden Pictures/Newbert, 47/Alamy/Organica, 48/Rauschenbach, 52/imagebroker/jspix, 55/Alamy/CVI Wildlife, 56u./Minden Pictures/Oxford, 57/Alamy/Nussbaumer Photography/Draker, 58l./Alamy/Porter, 60u./Okapia/Buchhorn, 60o./agefotostock, 62o./Alamy/FLPA, 64r./imagebroker/FLPA/Szulecka, 64l./Oxford Scientific, 66o./Milse, 67/Alamy/Whittaker, 69/AGE Fotostock, 71/Minden Pictures/Du Toit, 75o./Minden Pictures/Fogden, 76l./Oxford Scientific/Knights; **PantherMedia:** 3/Marcus B.; **Photolibrary Group, London:** 8u.r./Oxford Scientific/Webster, 8o.r./Cusp/Miles, 11/Peter Arnold Images/Marigo, 13/Still Pictures/Coster, 28u./Oxford Scientific/Kay, 35o./Bios/Pacorel, 54u./Mead, 65/Bios/Chatagnon, 70o./Robert Harding Travel/Evrard, 73/Bios/Dragesco-Joffé; **photoshot Deutschland, Berlin:** 63/NHPA/Toon; **shutterstock.com:** 12o./Isselée, 44/cynoclub, 46u./Isselée, 49/Majgier, 49u./Slusarczyk, 56o./fivespots, 70u./Isselée, 77/Sheridan; **Thomson Reuters (Markets) Deutschland GmbH, Berlin:** 6u./Garanich; **Topfoto, Kent:** 16o./The Image Works/Genter;